LA GRANDE HISTOIRE DU

PARFUM

香水历史

[法] 伊丽莎白 · 德 · 费多——著　吕韦熠——译

BY

Élisabeth de Feydeau

图书在版编目（CIP）数据

香水历史 /（法）伊丽莎白·德·费多著；吕韦熠译. — 北京：北京联合出版公司，2022.4

ISBN 978-7-5596-5691-9

Ⅰ. ①香… Ⅱ. ①伊… ②吕… Ⅲ. ①香水—介绍—世界 Ⅳ. ① TQ658.1

中国版本图书馆 CIP 数据核字（2021）第 219176 号

北京市版权局著作权合同登记 图字：01-2021-6400号

香水历史

作　　者：（法）伊丽莎白·德·费多　　译　　者：吕韦熠
出 品 人：赵红仕　　产品经理：星　芳
责任编辑：徐　樟

北京联合出版公司出版
（北京市西城区德外大街83号楼9层　100088）
北京联合天畅文化传播公司发行
天津光之彩印刷有限公司印刷　新华书店经销
字数 140 千字　889 mm × 1194mm　1/16　印张 13
2022 年 4 月第 1 版　2022 年 4 月第 1 次印刷
ISBN 978-7-5596-5691-9
定价：388.00 元

谨以此书

献给我的家人

献给所有香水爱好者

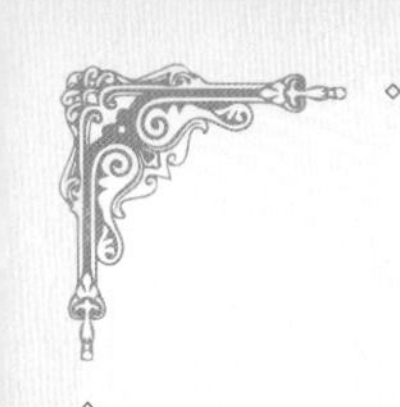

目录

▲ 这幅画中的一切都是芬芳的，画名《春天》（*Printemps*），出自波兰画家特奥多尔·阿肯多维奇（Théodor Axentowicz，1859—1938）。

序言

穿香是一种人类行为，它与神同期出现，发展到现代，渐渐成为诱惑的代名词。每款香水都有灵魂，都在讲述关于它们的灵魂和时代的故事。它们撩动心弦，联结文明，使人类的情感与灵魂得到升华。

香水的三大功效

自蒙昧时期起，人们就开始燃烧各种物质，以期与众神沟通，传达他们的祷告。法语中“香水”一词为“Parfum”，源于拉丁语“Per fumum”，意为“穿过烟雾”。香水自诞生以来，就始终伴随着仪式、神话与信仰。它最初是神圣的，只能供神明使用，后来逐渐变成卫生用品，作为治疗传染病的良药走近普罗大众。除此以外，香水更是诱人的、暧昧的。它是欲望的帮凶，是传递爱意的使者，也是人类情感生活不可或缺的点缀。它的发展历程穿越了最遥远的时间线，联结了神明与信徒、人类与宇宙。

我们专属的镜子

几个世纪的时间，因与护理和治疗产生密切联系，香水逐渐从圣坛走向大众，在此过程中，其社会价值也逐渐展现。当人类开始不单单把香水看作一种药品时，香水就变成了人们在社会中寻求自我定义，管理个人形象，美化自我认知，展示自己社会面貌和社会地位的完美工具。它就像天使头顶的光环，赋予人们无形而无比强大的力量，渐渐地，也变成了与长相和身材同等重要的个性要素。它成为人们日常生活的伴侣，也成为每个人专属的镜子；它反映我们的情绪，又以熟悉的调性润物无声地安抚我们。香水亲吻皮肤，孕育出独一无二的香气，传递感情，透露秘密。人对香水的选择往往是排除理性，毫无预兆的，如此近乎本能的疯狂，像是遇见一见钟情的恋人一样。

物皆可闻

生活中充满香气，这一点早就被文学作品证实。寻常的，如木香、花香、水和大地的香气；隐秘的，如书页泛黄的古籍味，颜色渐褪的丝裙味，甚至被主人遗忘的手套也有它的味道……年代的气息被深深锁进了它们的肢骸。莫泊桑在他的小说《如死一般坚强》（*Fort comme la mort*）中刻画的一幕，让人感觉到香味就像是成熟男人情欲的触发器。他写道："一次，一个穿着长裙的女人与他擦肩而过。呼吸之间，已经被记忆抹去的事件又重新鲜活了起来。瓶中香味的一嗅，使他瞬间重新寻回了往日存在的细微证明，也寻回了那些游离于记忆深处的味道：街道，田野，房屋，家具，或甜蜜或邪恶，如夏夜般炙热，如冬夜般寒冷。这些味道总是可以唤起他遥远的回忆，仿佛它们有一种魔力，可以让逝去的一切永驻……"

嗅觉记忆的创造者

无论是引领神秘的思想，还是激发愉悦的感受，香味所产生的强烈情感都是在回忆中散发出来的。如今，人们意识到嗅觉是必不可少的，而香味恰是平凡生活中的华丽点缀。众所周知，香味可以创造欲望，甚至于带领我们穿越时空，把我们拉回到往昔岁月，或到已知、未知的地方来一场旅行。普鲁斯特（Proust）笔下的玛德琳蛋糕有唤醒岁月的天赋，而调香师比任何人都深谙此道。他们既是艺术家又是工程师。用每天重复同样公式的药剂师来作比并不恰当，他们更像是神秘的巫师和炼金术士，能在自己身上找到所有的灵感来源。让-路易·法赫基翁（Jean-Louis Fargeon）曾是玛丽-安托瓦内特王后（la reine Marie-Antoinette）的御用调香师，他在18世纪将自己的职业定义为："在奢侈和财富孕育的所有艺术中，没有什么能比调香的艺术更能产生令人愉悦的感觉。"

▲ 产自法国格拉斯马依花田的五月玫瑰。

“香水，是气味施于人”

创造和调配一种香水，是一种与时间和艺术有着非常特殊关系的职业。在调香艺术中，没有无中生有的创作。香水的历史表明，创造一款香水是一个积水成渊、博古通今的漫长过程。香水不仅仅是一种商品，它的意义远不止于此。让·季奥诺（Jean Giono）曾说：“香水，是气味施于人。”他强调气味与皮肤的接触必不可少，因为使用者，香水才能“活色生香”。通过唤起回忆、调动情绪，香水延长了个体的生命，生者因之更加坚强，死者因之得以永恒。为了能让调香技术造福人间，2018年，联合国教科文组织将格拉斯的制香技术列入“人类非物质文化遗产名录”。

▲ 1580年左右，原产于英国的镀银香盒，盒身刻有玫瑰、雪松、茉莉、龙涎香、麝香、紫罗兰、橙子、丁香字样。

香水摇篮

香水最早的使用痕迹可以追溯至青铜时代，分布于黎凡特和美索不达米亚平原地区。这些痕迹展现着香水早已趋于成熟的历史，惊人地表明香水可能在新石器时期就已问世，而随着越来越多的考古发掘，香水起源于东方的说法逐渐被证实。因为在伊朗的考古挖掘中，发现了公元前4000年放置香水的石料或陶瓷容器。之后，古埃及接过了传递香水文明的火把，帮助人们更多地了解和欣赏香水。

▲　一块埃及出土的浮雕碎片，展示了一场第二十六王朝的丧葬仪式，其中香炉的使用无处不在，约公元前664—前610年。

最古老的香水痕迹

在伊朗发掘出的公元前4000年的香水容器证明了香水是东方的发明，而其他的书面文献、出土文物也从不同方面佐证着香水在古代人类文明生活中的重要性。

公元前1000年，从阿拉伯地区南部开始，香水在美索不达米亚平原逐步扩散。借由陆地一路北上，抵达黎凡特沿岸；借由海路到达波斯湾，并经印度洋向更广泛的地区传播。

在青铜时代，香水出现在地中海东部、黎凡特、埃及和美索不达米亚地区。以树脂为代表的芳香族物质被置于各式各样的香炉中，用于圣熏仪式。芳香物质被认为是带有神圣印记的稀有物质，是神灵专用的，而香水则与权力联系在一起。香水赋予人类跨越阶级的属性，并将其与永恒和优越的秩序联系起来。这也解释了熏蒸可以用于礼葬，并且所有古代宗教都将香水视为绝对崇拜对象的原因。

用来与神沟通的香水

很早以前，尼安德特人就已经开始将香气和祭祀联系起来，他们将花朵和香水结合，用以埋葬死者。之后在公元前1800年左右，即欧洲青铜时期，树脂木因其独特的香气也被用于完成尸体火化的仪式。到了末期，香火的使用变得越来越司空见惯。

古美索不达米亚（大部分位于今天的伊拉克）的书面文献告诉我们，香水早在公元前3000年中期就以香油的形式出现了。它不仅为王公大臣梳妆使用，也会参与宗教活动。人们燃烧各种各样的物质以期接近神明，净化空气，赶走被邪灵污染的瘴气和迷雾。这一点，在庙宇和宫殿里发现的香炉和蜡烛就是证明。

▲ 名为“阿尔巴拉的女人”（la femmeà l’aryballe）用于存储香油的女人形雕像，在美索不达米亚发现，公元前3000年。

古埃及的重要意义

在制香历史中，论重要性，没有什么地方比得上古埃及。尼罗河流域得天独厚的地理位置，使其非常适合芳香族植物的种植。古埃及也因此成为各种香精和本油（从产自亚洲和北非的灌木种子——阿拉伯辣木籽榨出的油）的供应国。

起初，人们烧香供神，随后香料也被应用于制作木乃伊的过程之中。埃及人对往生世界充满热忱，他们把法老的遗体保存下来，小心翼翼地将其制作成木乃伊。香的参与既在一定层面促进了其艺术性的发展，也加深了它作为君权神权的附属性。

彼时，没有任何一种仪式是没有香炉或是没有奉香仪式的。香水和其他礼拜用油的制作都是在寺庙的庇护所或是实验室进行的，因为那时只有牧师懂得制香工艺。因此，他们也被认为是第一批调香师。当然，对于俗家子弟来说，香水也并非不值一钱，他们发现它有壮阳和促进伤口治愈的优点。

古埃及的香水艺术是一门真正独特的艺术。老普林尼（Pline L' Ancien）在其著作《自然史》（*Histoire naturelle*，第十二卷，第7节）中，提及了两种对于制作香水来说最不可或缺的元素：液体部分和精华部分。亚历山大派调香师生活于传统东方与非洲的交叉口，地理位置的优越性使他们完美地掌握了香水和软膏的制作方法。

各种含香油

公元前3000年前，在乌尔，雪松油被涂抹在教堂的门、地板和墙壁上；在叙利亚有影响力的王国乌加里特，没药油被用来祭祀；在克里特岛，人们会在供奉给神的衣物上染香。在青铜时期，约公元前3000至公元前1000年间，各种含香油也有世俗化的用途：它们被用来护理、装饰，并成为寻求社会认可的标志。它们甚至作为地位的象征被带进坟墓。在后世的考古发掘中，人们发现了作为陪葬品的香水瓶。

▼ 莎草纸上展示了三位祭司用香精和香油净化木乃伊的仪式，名为“阿努比斯，墓地主人”（*Anubis,maître des nécropoles*），约公元前1290—前1190年，出自《死者之书》（*Livre des morts*）插图。

希腊文明与拉丁文明

虽然埃及被认为是香水的发源地，但随后它将其制香知识传授给了希腊人民以及克里特人和腓尼基人。这三种文化共有的古代香水的黄金时代，从公元前3500年左右文字发明，一直延续到公元5世纪西方罗马帝国灭亡。

“东方革命”

在公元前8世纪至5世纪初的古风时代，地中海变成了一个广阔的交流空间，将近东和中东的古老文明与地中海文化联系起来。考古学家把这种对文化、技术及经济都有广泛影响的大规模联系现象称为“东方革命”。在这些现象中，香水是非常重要的。因为盛产乳香、没药等树脂产品和其他香味产品，南阿拉伯（现在的也门）直接被那时的人们称为“幸福”。

因此，希腊、拉丁、伊特鲁里亚和伊比利亚等年轻的城市需要从东地中海、非洲和东方国家进口成品和原材料。之后，外来动物和奴隶贸易也发展起来。从青铜时代开始，香水先是在美索不达米亚和埃及地区传播，随后将生产重心转移到了地中海东部。在迈锡尼宫殿中考古发现的石板为我们揭示了关于制造车间、制香原料和制备工艺的信息，也见证了香水在这一时期的繁荣。8世纪末，在哥林多和爱琴海东部岛屿上生产的彩绘陶瓷香水瓶，证明了香水仍然是神和精英的特权。

▲ 镶嵌画细节：公元11世纪，《海神凯旋与四季》（*Triomphe de Neptune et les quatre Saisons*）。

奥林匹斯山的神圣香水

由于亚历山大大帝对亚洲的征服及香料之路的发现，包括希腊在内的整个西方文明经历了一场“芳香革命”。麝香、龙涎香等动物香的出现，为新型香的出现提供了可能。此外，希腊的调香师们又发明了以鸢尾、玫瑰、百合和墨角兰为代表的植物香油和香脂，促使香水系列更上层楼。在所有的精油中，乳香、没药、藏红花和桂皮精油被认为是最珍贵的品种。在希腊神话中，奥林匹斯山上的众神因食当地食物得以永生。而乳香和没药原产于阿拉伯南部，需经过埃及、叙利亚和腓尼基地区才得以传入希腊，因此对希腊人来说，这是源于奥林匹斯山的香气，受到了神的祝福。为了保持良好的卫生情况，也为了可以获得神的庇佑，来世获得永生的能量，已故的人往往会被涂抹大量的香水，并和他们的香水瓶等私人物品埋在一起。希腊人赋予了香水强大的宗教力量。

香料，来自自然的礼物

在希腊人的思想中，各种香料是地球与太阳的特殊结合而产生的。它们是野性自然的馈赠。各种围绕“香”而展开的活动都旨在“沟通远与近”“联结高与低”。尽管大量的香料只用于烹饪，但乳香、没药等芳香剂还是被保留下来。它们被制成香膏、香水等，或者用于祭拜神灵的祭祀仪式。

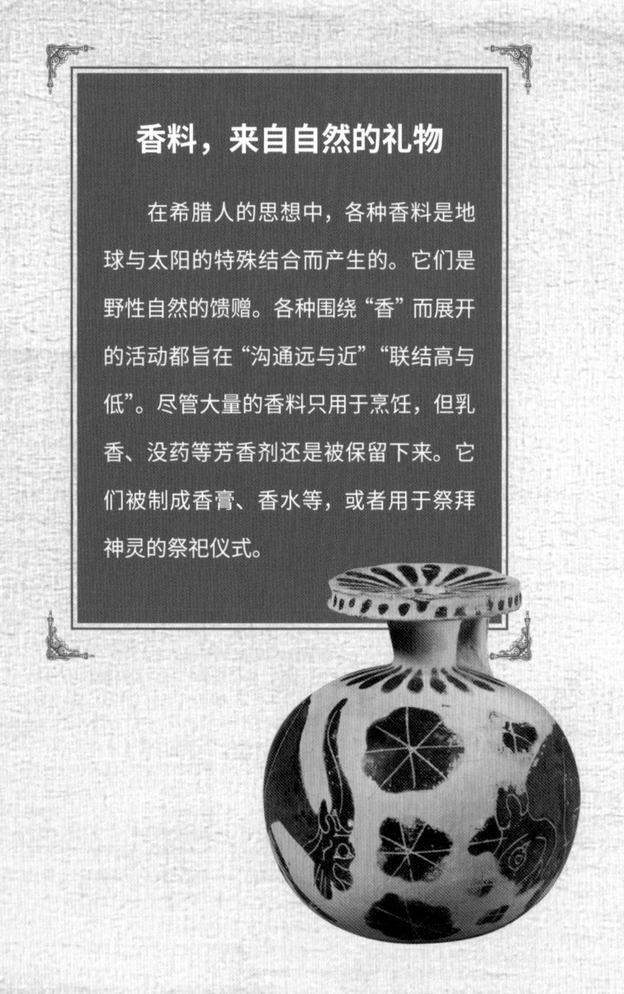

▲ 科林多式花瓶，用于存放香精油，公元前620—前590年。

▲ 古希腊细颈长瓶：一个女子站在坟墓前，手握圆柱形陶土花瓶(plémochoé)和一个装有芳香精油的小陶器(alabastre)，出自希腊，公元前5世纪。

罗马人对香水的世俗化应用

罗马帝国是最重视化妆品和香水的帝国。虽然古罗马时期罗马人很少使用香水，但与伊特鲁里亚人和腓尼基人的交往使他们增加了对香水的了解。香水是罗马人征服他们时带回的主要战利品之一。在罗马殖民统治的影响下，香料、熏香、香水浴和藏红花香油，通过贸易被带入了半岛。罗马人维持着与埃及、希腊和东方的贸易网络，从阿拉伯、非洲和印度地区带回了原始的芳香产品。

在罗马，香水生产非常普遍，甚至遍布整个半岛。特别是在坎帕尼亚地区，几乎变成工业化生产，这主要归功于橄榄油和杏仁油的生产以及各种花（特别是玫瑰）的存在。对于罗马人来说，许多芳香物质具有药用价值，但在众多宴会及温泉浴等场合，也存在着香水过度使用的现象。

值得注意的是，从公元前1世纪开始，每种香水都有其守护神：安息香对应罗马主神朱庇特，芦荟和檀香木对应战神玛斯，藏红花对应太阳神阿波罗，麝香对应天后朱诺，肉桂归贸易之神墨丘利，龙涎香则对应美的女神维纳斯。

▲ 壁画：一位年轻女子的梳妆场景，意大利赫库兰尼姆，公元1世纪。

香水之旅 I：古文化时期

从最古老的时代开始，香水就推动着人类走上了对嗅觉宝藏不知疲倦孜孜以求的道路。人们需要经年累月的长途跋涉，才能抵达地中海和东方等远离家乡的地方，驱使他们的动力只有一个：寻找香料。原产东方的香料如黄金般珍贵，是对人类欲望最原始的诱惑。

尼罗河河谷

在近东地区，到处都是丰富的嗅觉元素：玫瑰花、爱神木（香桃木）、鸢尾花、茉莉花、藏红花、紫罗兰、风信子、生姜、波斯树脂、安息香、红没药、葫芦巴、菖蒲、刺柏、甘松香、雪松……还有主要来自阿曼海的琥珀，来自印度和印度支那半岛的檀香和檀香木。而尼罗河谷地区可以称得上是来自阿拉伯和红海地区的香料和没药的中转站。

在整个地中海沿岸，腓尼基人和塞浦路斯人是香料贸易及初加工的天才，他们的贸易范围覆盖了整个三角洲、阿拉伯地区以及红海的部分地区。

▼ 埃及人渴望将没药树种植在哈特谢普苏特女王神殿前，图为运输树木的场景。

哈特谢普苏特女王的远征

公元前15世纪上半叶哈特谢普苏特女王的海上远征，完美地展现了当时的人们对香料的渴求。当时，女王希望能够带回足够数量的没药树，长期种植在中东地区，用以提炼没药来满足埃及当地人的需求。在被称为“香水之王”的一尊巨大的蛇形雕像的庇佑下，五艘船驶离底比斯，向“上帝的国度”进发。这是一段漫长而充满未知的路程。时至今日，他们的路线仍然是个谜题。究竟是经库塞尔、拉斯加里卜等港口沿着红海海岸航行，还是逆流而上向尼罗河上游前进？没有确切的证据能够证明。但可以确认的是，他们的使命圆满达成了。

他们将皇家工坊制成的各种礼物送给“邦特夫人哈索尔”(Hathor, dame de Pount)。作为回报，他们得到了黄金、橄榄、象牙、野生动物皮以及大量的香料和树脂。他们还连根拔起31棵没药树，想要带回后种在代尔埃尔巴哈里的哈特谢普苏特女王神庙前。

探险队的凯旋引发了当地热烈的庆祝活动，女王甚至亲自将带回的树种在了阿蒙神庙的花园里。然而，后来对种植坑的考古发掘表明，这些树木并没能适应埃及的气候，没能存活下去。一直到法老文明末期，埃及人都不得不从位于阿拉伯半岛南部或东非的神秘国家邦特王国进口珍贵的树脂。

亚历山大大帝国

亚历山大大帝的征服孕育了新的香料贸易道路。这些道路遍及海洋与陆地，如脉络般源源不断地运送着财富。当时，各种香因其宗教、社会价值，如贵金属一般金贵。从马其顿王国开始，亚历山大南征北战，统治了中东、中亚地区，将希腊文明一直带到了印度边界，也收获了统治区内的香料及制香文化。根据普鲁塔克（Plutarque）的说法，公元前331年的10月1日，当亚历山大打败波斯的“万王之王”大流士三世，在其境内发现香气弥漫的屋室及浴所时，他曾感叹道：“这才像王的样子！”那时，佩特拉是香料贸易的仓储站，大量香料和芳香剂被存放在庞大的仓库中，从这里运到加沙地区，再运往希腊和意大利。

乳香之路与丝绸之路

为了进行丝绸、大米、毛皮、宝石和香料贸易，罗马人开辟了通往亚洲大陆的五大通道。沙漠商队作为贸易实现的载体，穿越中国、突厥斯坦和波斯地区，沿着幼发拉底河谷前进。从中世纪开始，通过丝绸之路运来的货物从安条克或伊斯肯德伦重新装船，经由威尼斯、阿玛尔菲和热那亚地区运抵欧洲。公元5世纪开始，得益于始于中国和孟加拉，经由科钦、孟买、苏拉特、亚丁，然后沿着红海长廊到亚历山大的海上丝绸之路的出现，向欧洲运送香料、没药和桂皮的船只数量翻了一番。

▲ 商人和商队，摘自13世纪巴格达学校哈里里（Al-Hariri）的《马格马特》（*Maqâmât*，也被称为"哈里里集会"）中的微型图。

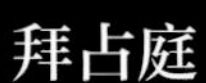

拜占庭

作为博斯普鲁斯海峡的守护者，相较于其他希腊城市，尤其是坐落于伯罗奔尼撒半岛的城市来说，拜占庭的重要性无出其右。这种重要性尤其体现在小麦、皮革、蜡和奴隶贸易中。在希腊化时期，希腊人在此地成立了他们的化妆品"企业"。公元330年，在东罗马帝国的统治下，拜占庭被重新命名为君士坦丁堡，以纪念君士坦丁一世皇帝，铭记其重建、美化此地并将其提升为帝国首都的无上功绩。

作为丝绸之路的终点站，欧洲和东方贸易的枢纽，君士坦丁堡经济迅猛发展，演变成当时世界上最为奢华的城市。它还孕育出了精致优雅的生活艺术，从公共浴室使用的肥皂水和玫瑰水便可见一斑。

塞浦路斯

作为美神维纳斯的诞生地，塞浦路斯岛也是东方香水的贸易中心。它的橡木苔香味手套和藤花混合物远近闻名。由于毗邻埃及与亚洲，得以在腓尼基人的芳香产品运输贸易中获益。这些远道而来的香料也与当地生产的玫瑰、鸢尾、百里香等一起，使塞浦路斯的香料资源变得更加富足。

▲ 尼罗河上的场景，出自恩科米（塞浦路斯）坟墓上的陶制盘子，公元前1400一前1200年左右。

初代香水及其原料

树脂和一些植物原料作为最早的芳香物质，早在公元前4000年的宗教熏蒸仪式和王室中就已经开始使用了。没药和乳香在古埃及也十分常见。由此可见，从精神、宗教领域到对身体的保养，香水在古代世界无处不在。

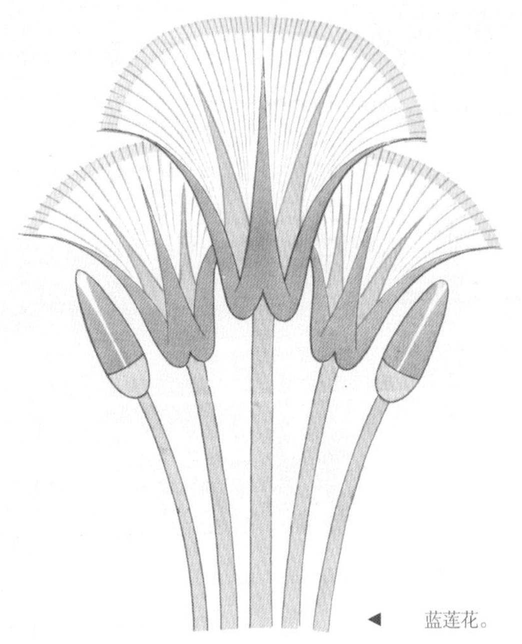

◀ 蓝莲花。

▲ 壁画：葬礼仪式上，两个女人手握曼陀罗果实，第三个女人呼吸着莲花的香气，公元前1390年左右。

植物原料

从古代起，人类就开始以植物为原料制作香水，比如蓝莲花。莲花出淤泥而不染，人们认为造物主就存在于它的花萼中，它的香气也被认为是神圣的。作为创世神话的一部分，它在古埃及画作中得到了广泛的体现。蓝莲花与纸莎草结合，代表着古埃及王国两个部分——上埃及和下埃及——之间的联合。除它们之外，其他被从当地植物群中选出的植物还有甜莎草、水仙花、辣木和安息香。最早可考据的香水出现在迈锡尼文明时期，他们利用鼠尾草，尤其是玫瑰花来制作香水。

需要进口的材料往往更加珍贵，比如哈特谢普苏特女王由邦特王国带回想要种植在埃及的红没药或乳香。在古代时期，广袤的尼罗河谷成了来自阿拉伯及红海沿岸地区没药属和乳香属植物树脂产品的流转地。埃及因为不是植物原料的生产国，植物原料主要依靠进口，所以它多使用外国香料。较为常见的有来自近东和地中海东部的松针树树油和树脂、笃耨香和乳香树脂等。虽然从北方道路进口而来的货物种类渐趋繁多，但南方路线始终都是最受欢迎的。重要的地理位置也使南方成为埃及所有贪欲和霸权觊觎的目标。

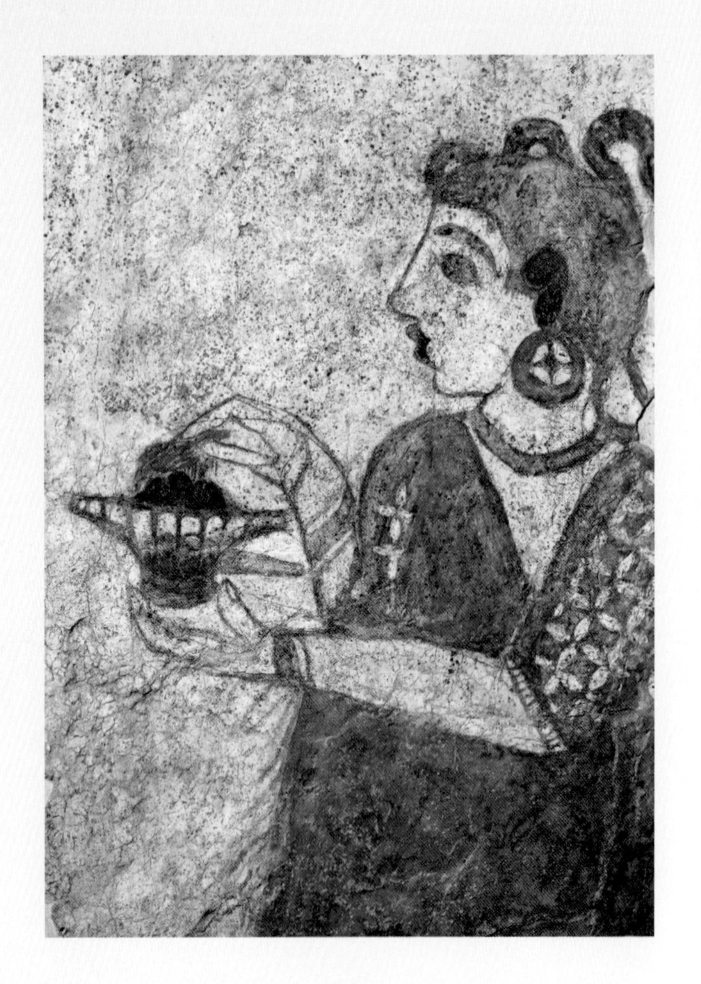

▲ 壁画：一位在香炉中燃香的女祭司，公元前16世纪。

乳香和树脂

白乳香，外文名为“l’ encens blanc”或“oliban”，是一种由橄榄科植物乳香木的汁液与空气接触产出的香味树脂。根据埃及传说，乳香是神圣的不死鸟的馈赠。古罗马诗人奥维德（Ovide，公元前43—公元17年）在其作品《变形记》（*Métamorphoses*）中也有类似的记载。作为神灵的礼物，乳香被应用于各种仪式，以做祈祷和祭献。它也是丧葬仪式中防腐香料的组成部分。

此外，由没药树产出的没药树脂也深受埃及人喜爱。这些树主要分布在索马里、埃塞俄比亚、苏丹和阿拉伯半岛等海拔约1000米的地方。人们相信，将没药用于尸体防腐，既可以使身体愈合，又可以使信徒的精神重获新生。它既是生的香气，又是死的气息。

初代香水

美索不达米亚平原出土的文献告诉我们，第一批香水是以香油的形式出现的。它们多是可食用油，且品种繁多。譬如甜莎草油、亚麻籽油、莴苣籽油、芝麻油与墨角兰、白色紫罗兰、蓝莲花、水仙花、鸢尾花和玫瑰花等调和而成的香油。

在古埃及，香精和香料在寺庙的日常仪式中起着重要作用。诸多在当时礼葬仪式中出现的香水、香脂和香油配方流传至今。譬如松油（le sonter），一种用来供奉众神，在清晨的祭拜仪式中用来“唤醒”神像的香脂。

人类赋予它们可以使万事万物获得重生的力量。所有这些香水都是世界上第一批调香师——祭司们的作品。他们每天都需要进行三次祭献：早上进贡树脂，中午进贡没药，晚上则进贡伟大而神圣的香水——奇斐（le kyphi）。

▲ 埃及浮雕：采集百合花的妇女，公元前664 — 前525年左右。

门德斯香水

门德斯香水（le parfum de Mendès）是以下埃及三角洲地区行政中心城市门德斯命名而来，也被称为“赫肯油”（huile d’Heken）。老普林尼《自然史》(第十三卷，第4、5、63节)中记载，这种香水在埃及享有很高的声誉。它是由辣木油混合没药、肉桂和树脂的香味制成的。

奇斐

所有的考古学证据都指明，奇斐（le kyphi）是一种可燃烧的香水。它配方复杂，有超过四分之一的成分是树脂（没药、乳香黄连木和松脂），还有差不多同样比重的植物的根和木材。它的香味层次丰富，既有柔软的甜香，又有树脂的味道。安息香赋予它东方性格，给了它一层香草的香味，没药的香气则构成了它的尾调。值得注意的是，无论是没药、乳香还是安息香，其中的每一种成分都是有特定的宗教含义的。

奇斐的名字意为“好之又好的香水”，因为埃及祭司燃烧它，即是对太阳神拉（Râ）的尊崇和敬献，也被认为对人是有益处的。

这种精炼的香水很有可能在埃及的前王朝时期（公元前4000—前3000），就已经开始被国王和王后所使用了。目的是能够获得永生。

坐落于托勒密时期和罗马时期庙宇里的埃德福制香室（laboratoire d' Edfou）保留下来了制备奇斐的两种配方。然而二者的制备方式和原料选择不尽相同。这是因为所使用的原料会跟随当时市场情况的变化而变化。奇斐被看作一种万灵药，成为一种征服了古代世界的神圣香水。

白松香

白松香（le métopion）是另外一种饱负盛名，给古埃及带来伟大声誉的香水。它的成分也较为复杂，除了有苦杏仁油做主要成分外，还有绿橄榄油、小豆蔻、菖蒲、蜂蜜、葡萄酒、没药、香脂、波斯树脂和松脂等。

► 埃及浮雕：葬礼仪式上的祭司，公元前667—前647年。

皇家香水

说到皇家香水（le parfum royal），据说它一开始是为帕提亚帝国的国王制作的。帕提亚帝国又称安息帝国，成立于公元前3世纪中叶，由不同的王国组成，建立在波斯帝国疆域之上，是罗马帝国首屈一指的敌人。当时，由于对地理要塞的统治，当地波斯人得以进口大量的原材料。老普林尼的《自然史》（第十三卷，第17—18节）为我们揭开了这款香水的神秘面纱："我们现在来谈一谈在这方面最令人愉悦也最具参考价值的东西——皇家香水。之所以这样命名，是因为它是为帕提亚国王设计的。它由辣木油、闭鞘姜（产自印度）、豆蔻（产自尼泊尔）、肉桂（产自锡兰）、核桃（产自索马里莫科尔）汁液、小豆蔻（产自马拉巴尔）、甘松香（产自印度）、马鲁姆（即日耳曼马鲁姆，产自利比亚）、没药、山扁豆（产自阿拉伯）、安息香、岩蔷薇、香膏、菖蒲、尧韭（产自叙利亚）、水芹（或其藤花）、樟属植物（产自印度）、桂

古籍中展示的正在燃烧的奇斐，公元987—990年。

皮（产自中国）、散沫花、金雀花、红没药（产自叙利亚）、藏红花、甜莎草、墨角兰、荷花、蜂蜜和葡萄酒等制成。其中没有一样是产自意大利的，然而却昭示着它在世界上的胜利。"

虽然如今这个成分表是否属实尚无定论，但皇家香水浓郁的香气绝对是其品质的最好证明。对罗马人来说，它是"罗马和平"（pax romana）的象征。后世的帝王喷洒这种香水，都会幻想自己成为亚历山大大帝，而亚历山大大帝在他们眼中是如同神一般堪称万王之王的存在。

罗马壁画：正在准备香水的丘比特（Cupidon）与普赛克（Psyché），公元50—79年。

古代香水

▲ 阿氖穆特木碑：死者内着长衣，外着束腰长袍，向坐着的太阳神拉献香，公元前924—前899年。

从精神、宗教领域到对身体的保养，香水在古代世界无处不在。它几乎征服了整个地中海地区，之后希腊文明和拉丁文明继承了埃及的衣钵。这是古代香水的黄金时代。

古埃及：以宗教功能为主

在法老时代，香水具有重要的宗教功能。祭司每天都会在充斥不同香味的寺庙中举行各种宗教仪式。诚然，香水在埃及也出现了世俗化、日常化的使用，但它的神圣和宗教性永远是保留在第一位的。人们通过敬献香水来供奉神明。乳香和鲜花被供奉给以祭司为代表的神灵和君主。此外，还有每天至少三次的熏蒸仪式。

供奉神明，憧憬来世

埃及人为神像焚香，供奉香脂，希望能通过神明获得重生。法老的家眷和祭司会使用化妆品化妆，涂抹香水；女人还会涂抹香膏用以清洁。在埃及的文化里，人死后一定要为进入来世的旅程做准备，因而要进行防腐仪式：从头到脚清洗身体、涂抹圣油，之后用细带和各种充满香味的油把尸体严密包裹起来。这样，死者才能够被赋予永恒的香气，才能够与象征着生命凋零、黑暗和邪恶的排泄物抗争。芳香族化合物通过中和气味，确保死者到达来世，获得永生。防腐仪式最终以熏蒸结束，希望能以这种方式带给死者清净与安宁。

▲ 壁画：四个年轻妇女，身穿盛装，头戴饰有莲花和香膏的假发，在为死者举行的宴会上演奏音乐，以纪念死者。出自第十八王朝埃及尼巴蒙墓，公元前1350年。

诱惑与庆祝

早在古埃及，香水就在两性情欲中占据着非常重要的位置。如智者普塔霍特普（Ptahhotep）所言："如果你是一个理性而有成就的男人，就用真诚和忠心去爱你的妻子。让她吃饱，给她穿衣，并且要懂得香水对她的身体是最好的。"颊彩、香膏、香油、香脂，这些都是最高层种姓常常用于娱乐和诱惑的工具。埃及艳后（La reine Cléopâtre）以其独到的香水用法而闻名。在她举办的宴会上，遍地都是鲜花，空间中充满挥发的香水，墙壁上也满是芳香的饰带。此外，她还下令烧香，想要给客人留下极致的印象，同时带给他们敬意与祝福。

▲ 手拿玫瑰的女子，出自希腊红像式花瓶细节，公元前5世纪。

古希腊：香水的三大功效与矛盾看法

▲ 希腊浮雕的罗马副本，内容很可能是德墨忒尔（Déméter）与珀耳塞福涅（Perséphone）在燃烧的香炉旁，公元前5世纪。

据希腊记载，香料的使用始于公元前7世纪末，主要有三大功能：调味、礼拜和煽动情欲。如其他民族一样，希腊人对香味的追逐伴随着对永生的渴望。希腊庙宇中，希腊人根据众神的喜好向其供奉香水。例如，阿佛洛狄忒（Aphrodite，爱与美的女神）与玫瑰。

香味同时象征着奥林匹斯众神恩赐的力量和充满激情的生活。希腊人认为，用香水覆盖自己能够更加接近神性：不仅能散发神圣的气息，还可以与众神光鲜美丽的面容媲美，这也就是为什么他们会为神像或是墓碑涂抹香油。

在日常生活中，香水还被用于与重大人生节点相关的各种活动，比如婴儿降生、婚礼、葬礼等。另一方面，香水作为护理品的功效在当时仍非常有限。柏拉图在《理想国》（*La République*）中谴责香水腐蚀了思想。当香料被用作诱惑时，它的意义瞬间就变得消极。

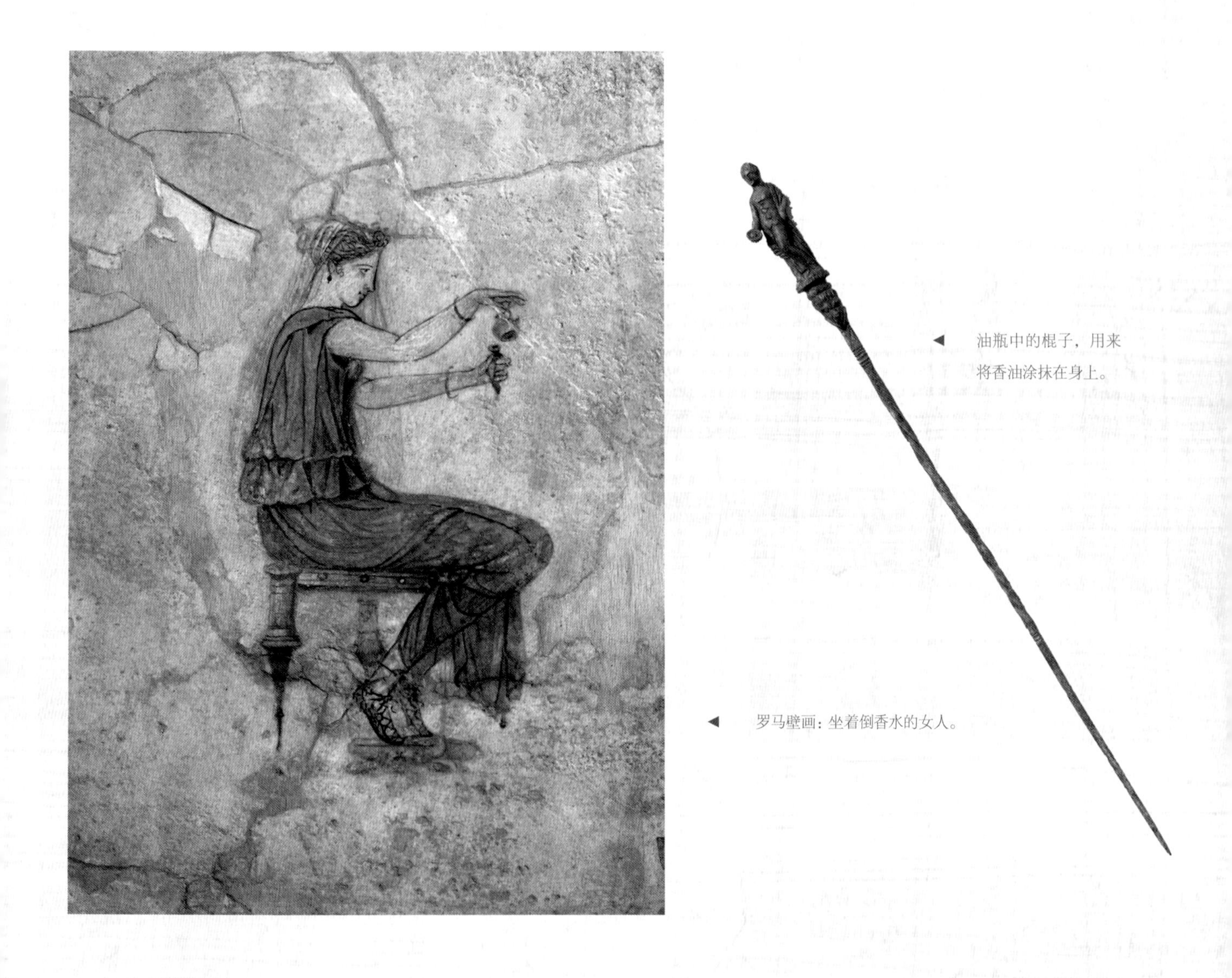

油瓶中的棍子，用来将香油涂抹在身上。

罗马壁画：坐着倒香水的女人。

古罗马：宗教功能仍然存在，世俗用途渐趋主流

如同希腊与东方世界一样，古罗马的宗教与丧葬仪式中也少不了香水的存在。香水的治疗价值也得到了更为广泛的应用。尽管如此，香水在这一时期最为显著的特点是世俗化的使用。上流社会的男人和女人们使用玫瑰、薰衣草和茉莉花沐浴甚至到了滥用的程度…… 对此，由对某位身份显赫的贵族夫人的记述可见一斑：梳洗时，先卸下脸上的化妆品，然后涂上一层美容香膏；用含有玫瑰花或是藏红花的水漱口，随后一边嚼着香胶，一边滑进撒满玫瑰花、茉莉花或薰衣草的浴缸里；待享受完芳香按摩后，奴隶又会喷洒与漱口水同样配方的香水。

当举行宴会时，稀有香水如雨水般不断从客人们的头顶落下，人们吃着浸润在芳香油中的芦笋，喝着盛放在散发香气的木杯中，内含没药香或是玫瑰香的酒水。宴席之间，客人们还会被洒上鲜花酿成的香水。

▲ 三位国王：拉韦纳的新圣阿波里内尔教堂（basilique Saint-Apollinaire-le-Neuf）的嵌画细节，6世纪。

福音书：神圣祭品

虽然教会对身体的清洁很少关注，并且因对色欲的恐惧而极力避免香水世俗化的使用，但仍然将香水视为东方和希腊的传统，将香水作为圣物传承了下来。实际上，在福音书中，香水多次作为献给耶稣的神圣贡物出现。耶稣降生时三王朝拜，带来的礼物分别是黄金、没药和最为上乘的乳香。献黄金以表忠诚，认耶稣为国王；献乳香以示礼拜，认耶稣为天主；献没药以立苦身，它将神、灵魂和人的肉体建立联系，认耶稣为神所派来的生命有期限的凡人。这也会令人想起伯大尼的马利亚。耶稣死后，她把昂贵的没药、芦荟和甘松香膏抹在耶稣的身体上。耶稣说："是的，她在我身上作的，是一件美事……她将这香膏浇在我身上，是为我安葬作的。"(《马太福音》，第二十六章，6—12节;《马克福音》，第十四章，3—8节;《约翰福音》，第十二章，1—7节。)耶稣认为，受葬时抹香是之后复活和升华的标志。

耶稣（Christ）的名字"弥赛亚"（写作Messiah或Messie），后来也有香油之意。同样，"克里斯托斯"（Chirstos）既指"受膏者"，又指自公元6世纪以来使用的"圣膏"香脂。

犹太教：乳香——“天国的阶梯”

地中海盆地中出现的一神论教将香水视作人间与天国、人与神之间的联结。犹太教更是从开始就对香水充满好感：希伯来人称乳香为“天国的阶梯”，强调了香水在人和神之间的绝对力量。《出埃及记》（*Exode*）中还规定了每天要供香两次。此外，在最为庄严的赎罪日的祈祷活动上，大祭司会把两捧香放入至圣所。在圣经时代，国王和大祭司即位都要靠敷抹“上帝的气息”——一种含有芳香物质的油脂来实现。

阿拉伯及其宗教的“净化”

伊斯兰教于7世纪初兴起于阿拉伯半岛。阿拉伯半岛是圣经中示巴王国的诞生地，生产和出口大量香料。有人类文明以来，阿拉伯就一直借此获得巨大的吸引力。伊斯兰教义不遏制香精的生产和使用，相反，先知赞赏并经常使用香水，并呼吁教徒不要拒绝任何香气：“用乳香和风轮菜为你们的房屋增添香气……周五洗澡，涂抹香脂，换新衣服。”此外，我们知道，穆罕默德在朝圣往返途中都使用过麝香。品格高尚的贵族会散发甜美的香气，臭味则被看作邪恶的瘴气的象征，因此在传统中，宗教教予人们许多清洁习惯。而香水也代表着对兽性的摆脱，是令人愉悦的东西。在进入神圣围墙包围的清真寺之前，香水也是极好的准备：通过整体的清洁和良好的气味，在向真主祈祷时，展示出自己完美的纯洁。

▲ 叙利亚阿勒颇制造的，出现于1世纪罗马帝国的第一批玻璃瓶。

香水之旅 II：中世纪与文艺复兴时期

早在威尼斯变成中世纪欧洲香水之都以前，基督教骑士们就已经将乳香、琥珀、芦荟和玫瑰水带回了欧洲。葡萄牙和西班牙的航海发现，开辟出许多通往远东的新航线。各种印度公司的成立又使“淘香狂潮”变得更加狂热……

威尼斯：中世纪的香水之都

在中世纪，十字军东征（1096—1291）之后，贸易活动开始在地中海地区，尤其是威尼斯和热那亚等港口继续进行。这些国家也因此获得了强大的力量。在10世纪至16世纪之间，因为对香料贸易的垄断，威尼斯成为香水之都。来自印度和锡兰地区的原材料先抵达这里，然后销往阿拉伯和整个欧洲地区。在所有的威尼斯商人中，马可·波罗（Marco Polo，1254—1324）因中国之行而闻名，他在《马可·波罗游记》（*Le Livre des Merveilles*）中叙述了这段旅行。回到威尼斯后，马可·波罗参加了威尼斯同热那亚的战争，不幸被俘。因禁期间他将自己26年旅程中对中国元朝以及东方各州的见闻详尽地描绘出来。他的叙述中还提及了当时贸易活动涉及的香料，如西藏的麝香、肉桂、丁香、藏红花、生姜，以及被称为“海洋之金”的龙涎香等。

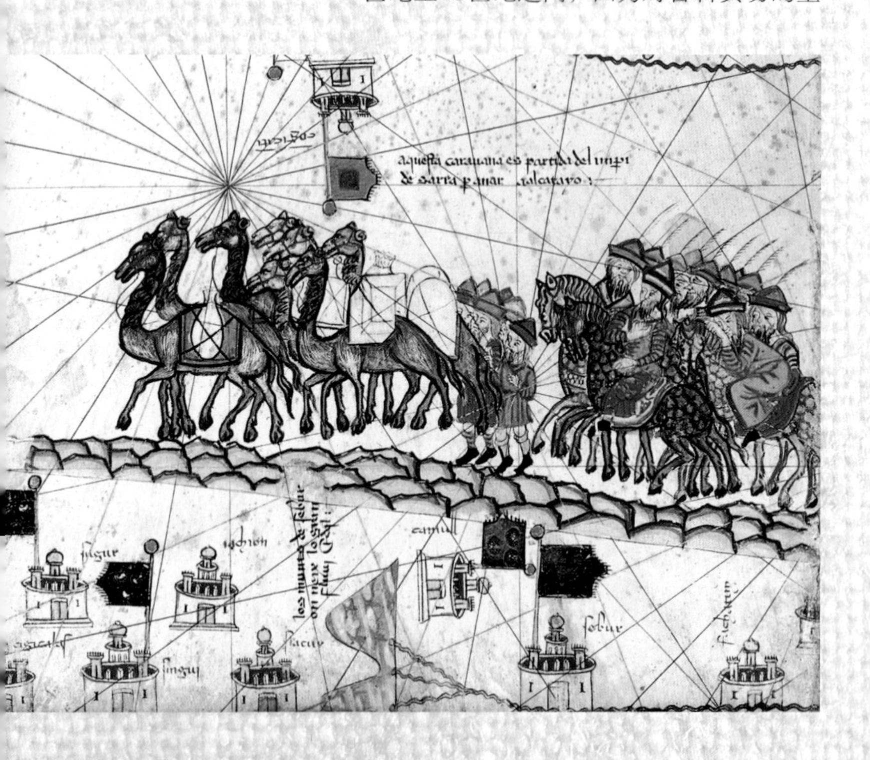

◀ 载着马可·波罗兄弟及其儿子的商队，出自1375年亚伯拉罕·克雷克斯（Abraham Cresques）的《加泰罗尼亚地图集》（*Atlas catalan*）。

“欢乐之城”威尼斯

16世纪的威尼斯是一个乐趣横生的城市，香料的富足对于香水的生产十分有利。那时的人们随时随地都在使用香水！在宴会上，食物、桌子、盘子香味扑鼻。人们用玫瑰水冲调酱汁，加上香料调味。狂欢节时，衣服、扇子和面具都散发出麝香和生姜的香气。由此看来，欧洲第一份香水专著出现在威尼斯也就不足为奇了。1555年左右，第一份欧洲香水条约由炼金术士吉罗拉莫·拉塞利（Girolamo Ruscelli）起草，后被译为法语，被称为《亚历克西斯·勒·皮埃蒙特大师的秘方》（*Secrets de Maître Alexis le Piémontais*）。也是在这一时期，威尼斯开始在穆拉诺岛兴建玻璃工厂，不久后，这里生产的玻璃制品就遍布了整个欧洲。

▲　大理石浮雕：13世纪意大利的香水和香膏商人。

探险家的时代

15世纪，由于奥斯曼帝国的垄断，传统的地中海通往东方的道路无法通行，促使欧洲不得不转向海洋。葡萄牙成为开辟新航线的先锋。1488年，巴塞洛缪·迪亚斯（Bartolomeu Dias）越过非洲南端的好望角，通往东方的航线就此敞开。以此为便，葡萄牙人垄断了整个16世纪的香料贸易。1498年，瓦斯科·达·伽马（Vasco de Gama）到达了印度的卡利卡特（Calcut），从那里带回满载香菜、胡椒、生姜、藏红花、辣椒粉等香料的航船。在这些远洋探索中，葡萄牙占据了许多第一，成为首个造访当地的欧洲国家。他们在摩鹿加群岛寻找肉豆蔻，在日本和埃塞俄比亚获得大米和茶，在非洲大陆沿岸探索花生和咖啡。更不用说，他们已经从新世界带回的菠萝、胡椒、番茄和土豆了。

西班牙方面，克里斯托弗·哥伦布（Christopher Columbus）于1492年到达大安的列斯群岛，随后四次往返，开辟了一条通往西方的新航线。费尔南德·科尔特斯（Fernand Cortez）于1519年到达韦拉克鲁斯海岸（Veracruz），将可可和香草荚带回给了当时的国王查理五世。麦哲伦（Magellan）为西班牙王室服务，在1519至1522年间实现了人类第一次环游世界的航行，一路向西，造访了无数香料富饶的海岛。

印度公司的诞生

直到17世纪中叶，胡椒、肉桂、丁香、肉豆蔻和大豆在货物中所占的份额最大。为了建立能够提供巨大商业资本和财富的殖民帝国，欧洲列强之间正在进行一场大规模竞争。在此背景下，各种印度公司应运而生。在它们的带领下，欧洲人对土地进行征服和开发，将贸易站变成了殖民地。作为荷兰资本主义和帝国主义力量的支柱，V. O. C.（荷兰东印度公司）开辟了一个新的纪元。他们出于利润的诱惑垄断了包括香料贸易在内的国际商业航线，控制了丁香、肉豆蔻、肉桂和胡椒的生产，并控制了它们在欧洲的售价。

▲ 香料商正在称香料。

◀ 1723年左右，代表一艘帆船的印度公司的代币。

毛里求斯岛：前法国岛，巨大的植物园

1664年，法国人柯尔贝尔（Colbert）创立法国东印度公司。许多船只开始从法国洛里昂港出发，前往那些位于印度的新贸易据点。1715年，法国人建立了法国岛（Isle de France，现为毛里求斯岛），并在那里建立植物园种植香料。他们从马拉巴尔海岸运来胡椒，从锡兰运来肉桂，从中国南方开回满载八角茴香和高良姜的船只。但这些举措并没有取得预期的成功。皮埃尔·波夫（Pierre Poivre）说服法国东印度公司，通过走私的方式将这些香料运到毛里求斯岛。他们非法引入肉豆蔻树，随后在1767年引进荷兰丁香和胡椒植物。

蒸馏技术的发展

直到中世纪末期，香水的制备过程仍然非常初级：人们需要将材料捣碎，煮沸，再放入或注入动物油脂中。蒸馏技术的运用是香水技艺的重大革新。蒸馏术在古希腊就已经为人所知，在10世纪到12世纪之间发展起来，并不断发展演变至15世纪。

制香艺术的诞生

关于古代制备香水的技术和流程，我们知之甚少。就有限的信息来看，就是将各种原料先后在水和油中煮沸。制备周期较长，从十天到三个月不等。之后人们会将所得产物放在羊毛或亚麻织物中拧搓过滤，将剩余的东西保存在广口瓶中。

迈锡尼人还可能借助加入蜂蜜和水果的葡萄酒进行酒精浸渍。橄榄油是最受欢迎的载体，红花油、杏仁油和罂粟油等也有使用。此外，迈锡尼人也会使用动物油脂等。

在塞浦路斯和克里特岛，考古学家发现了古代香水工坊的遗迹，并在那里发掘出拌勺、滤器、研钵、杵和罐子等工具。

在制香技术上，埃及人发明了三种工艺：将花朵直接与油脂接触、在可加热的油中浸渍以及加压萃取。

▲ 埃及浮雕：女人们用百合花压制香水，公元前664—前525年。

在那时，香水多以固体的形式出现，用以在庙宇或是在各种宗教仪式上燃烧。例如古希腊人的祭牛焚香等。

酒精蒸馏

在阿维森纳发明蒸馏一个世纪之后，意大利萨莱诺学校（école de Salerne）的医生又更进了一步，他们开发出作为现代香水基础的酒精蒸馏技术。他们对阿拉伯著作的翻译，或是13世纪安达卢西亚人的翻译，将蒸馏过程介绍到了西方。12世纪，随着蒸馏水和炼金术在西方的广泛传播，玫瑰精油的生产更加普遍。通过用水蒸馏玫瑰花瓣获得的玫瑰水由于不含酒精而在穆斯林世界，尤其是在叙利亚大马士革绿洲地带大受欢迎。在印度，"attar"一词是指通过将檀香油与花朵（以玫瑰为主）蒸馏而得的不含酒精的芳香油。当穆斯林到达印度后，才使得精油蒸馏在当地开始普及，因此阿拉伯语单词"attar"在印度也被用来称呼调香师、药剂师、草药师等。

在摩尔人的统治下，阿拉伯人开始在格林纳达做香水生意。他们不仅贩卖香水，也出售含有灰琥珀（即龙涎香）和麝香成分的春药。当时，琥珀（ambre）一词是指用香草、劳丹脂制成的，气味香甜，含有催情功效的粉末状东方制剂。而灰琥珀（ambre gris），自古以来就与乳香、没药、麝香等一并成为神话般的制香原料。

阿维森纳，蒸馏的发明者

由于不懂得使用蒸馏技术，古埃及人大部分芳香制剂主要是通过燃烧油性或脂性物质，或者是通过将香料在水或轻度酒精剂中浸泡得到的。到古希腊时，人们开始习得蒸馏技术，亚里士多德就对此有过描述。但直到11世纪阿维森纳（Avicenne，987—1037）的研究及对蒸馏规则的制定，才使得"al 'inbiq"，也就是阿拉伯语中的"蒸馏"在欧洲被广泛认知。阿维森纳使用改进的蒸馏技术，将玫瑰中某些气味性物质分离出来，将其混合制成了玫瑰水和精油。阿拉伯医学认为，红玫瑰是一种有效的抗感染药物。因此阿维森纳分离出的玫瑰水也被看作一种治疗肺结核的特效药。

阿尔诺·德·维伦纽夫与酒精香水

14世纪，医生、化学家、占星师和神学家阿尔诺·德·维伦纽夫（Arnaud de Villeneuve，约1235—1313）移居蒙彼利埃，在当地大学任教并从事医学工作。他将在科尔多瓦习得的蒸馏原理应用到葡萄酒中，提炼出了“酒精”。他是第一个在香水中使用酒精的科学家，他生产了第一批精油，他还发现了硫酸、盐酸和硝酸等。通过掺入酒精，水拥有了辛辣的口感，这种水也被称为“火之水”（eau de feu）。所有这些发现都为香水的创造做出了重要贡献。人们因之得以用一种中性挥发物来取代传统工艺中的辅料油。这种方式制成的香水被视作药剂，是“最珍贵的药物”，服下即可令人体重焕新生。1370年，第一瓶含有一定酒精含量的香水诞生，这便是著名的“匈牙利女王水”（*Eau de la reine de Hongrie*）。1695年，又出现了古龙水（*Eau de Cologne*）。

▲ 妇女采摘玫瑰，用花瓣制作玫瑰水，取自14世纪健康手册上的一幅插图。

◀ 羊皮纸上的微型画，展示了14世纪蒸馏器及首次蒸馏的过程。

药用香水

自问世以来，香水就有着许多功能，但它在治疗方面的价值始终没有被忽视。它的某些原料，如没药、薰衣草、迷迭香等，本身就有抗菌效果。古代时期，由于芳香疗法的诞生，香变成了一种药物。中世纪早期，它因在大流行病期间对人的治疗和保护作用而广受赞誉。

▲ 用于身体健康的药膏罐，可追溯到十八王朝，约公元前1479—前1458年，出自哈特谢普苏特女王神殿。

芳香疗法的诞生

古代时期，在埃及、希腊、罗马以及整个东方地区，芳香剂不仅具有宗教意义，还拥有治疗和卫生方面的功能。众多的实践活动渐渐形成了普适而广泛的芳香药典。无论人们是出于自身原因，还是基于宗教目的使用芳香剂，根本原因都是为了洗去邪恶，净化空气。人们还通过燃烧香精来抵抗某些传染性疾病，这也使得芳香剂疗法成为最为古老的疗法之一。

在埃及，如果说疾病是由神灵这种超自然原因引起的，当地的祭司，也可以说是医生，就会给病人一种可以安抚神灵的物品：芳香剂。其中有一些被收录进了药典，最知名的就属可以缓解焦虑促进睡眠的奇斐。所有的药物处方

▲ 埃伯斯纸草文稿，埃及法老最古老的医学条约之一，公元前1555年左右。

及其吸收方法都被收录在公元前1555年起草的《埃伯斯纸草文稿》（*Le Papyrus médical Ebers*）中。

所有这些芳香药物都有净化的功效，可以抵御有害的影响。它们还与泡碱（碳酸盐、碳酸氢盐、硫酸盐和氯化钠的混合物）混合用以制作肥皂。它们被当成灵魂清洁剂，人们在参加神圣的宗教仪式之前，还会含漱或服下这些芳香剂。

有益健康的芳香剂

乳香常被用作供香，但它也可用于烹饪或医疗，因为它与食物或油混合后可以产生杀菌能力，进而治疗蛀牙和支气管炎。没药因其防腐能力被应用于制作木乃伊，它也可以用来治疗胃病和哮喘等。

女人们以八角茴香、雪松、大蒜、枯茗、香菜、木瓜、茴香、百里香或杜松种子为原料精心调配出药方。干燥的乳香、松柏树脂、胡桃木、甜瓜或腓尼西亚芦苇也作为熏蒸的原料。

香油、香脂和香膏在抵御阳光刺激、保持皮肤水分方面效果显著。一款由玫瑰和鸢尾花制成的名为“巴卡里”（*Bakkari*）的香油在当时就备受女人们喜爱。

“埃及香水”主要由肉桂和没药制成，成分复杂，价格昂贵，因其能够有效治疗多种疾病而广为人知。

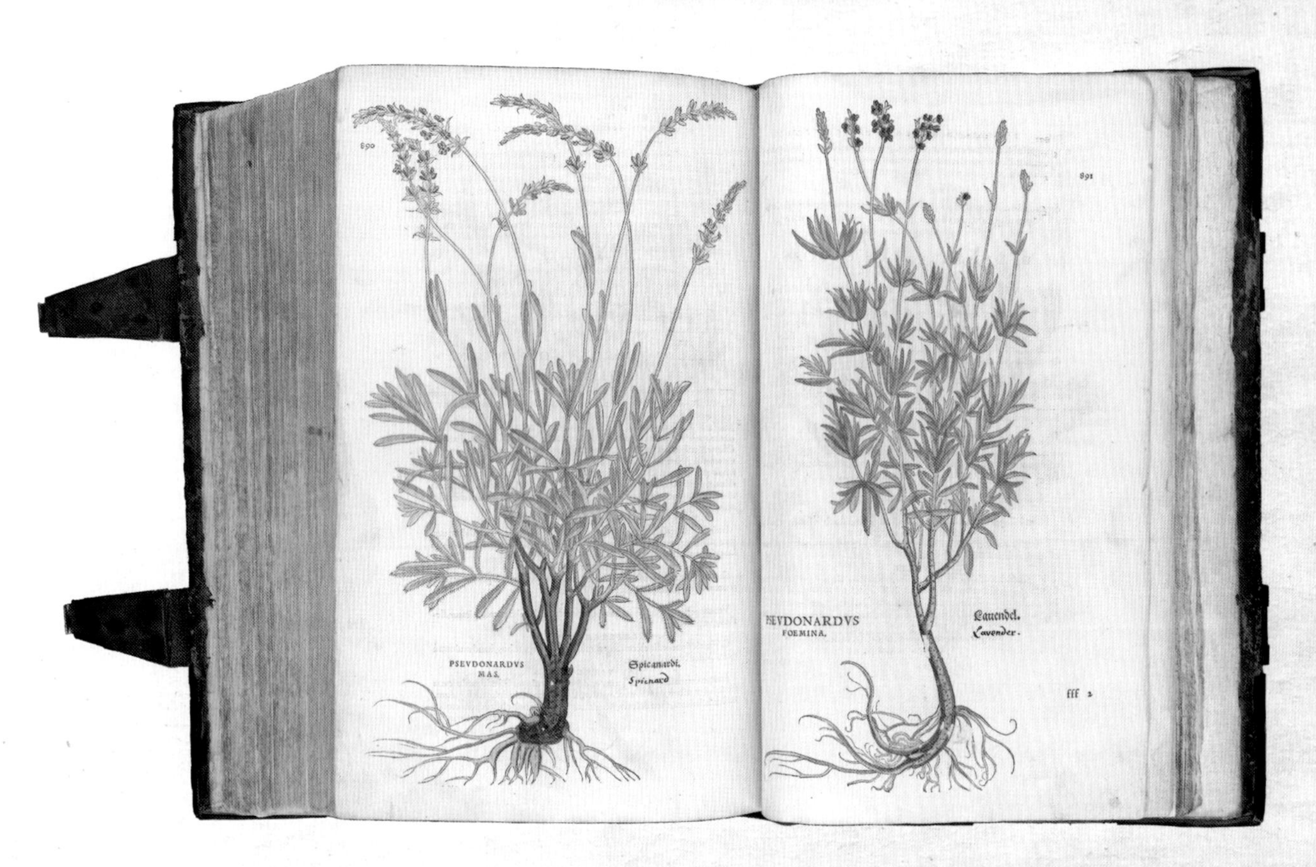

▲ 公元前2000年，在美索不达米亚地区使用的药用植物图谱。

公元前2000年的美索不达米亚文明

苏美尔和巴比伦的香料药典由植物组成，包括没药、阿魏、百里香、无花果、除虫菊、藏红花和夹竹桃等。泥板书中还为我们提供了一些常用树脂的名称：安息香、白松香、松节油、没药和红没药等。和埃及一样，香膏和香脂也被用作医疗保健和美容用品。

对巴比伦人来说，疾病也是由超自然原因导致的。为了驱除致病的恶魔，病人会被给予充满恶臭和味苦的产品，而良好的气味则被保留下来，用来供奉救世之神。

对病魔的畏怯和对冒犯神明的恐惧催生了人们对医学魔法的实践。各种原木或脂类制成的雕像被放入拯救之火和净化之火中燃烧。在这个过程中，有将近250种药用植物和120种动物被使用！

▲ 公元前750年左右，《东方古代对恶魔拉玛什图的咒语板》（*Plaque de conjuration contre la démone Lamashtu*）或《地狱魔牌匾》（*Plaque des Enfers*）。

印度：香是宇宙的一部分

作为一门古老的科学，印度传统医学以风为主导。它认为风是一种宇宙力量，是世界的灵魂。人们通过练习瑜伽时调整呼吸来接近这种力量。各种芳香剂因为与呼吸息息相关而被看作宇宙的一部分。印度的治疗学基于混合了上千种气味的咒语与魔术。这些气味来自根据颜色、形状、香气筛选而来的树木和花卉。随着实践的开展，这些植物的治疗功效渐渐为人所知，并逐步被系统化地整合起来。这些总结出来的经验被汇总成一套连贯的阿育吠陀体系，也被称为“阿育吠陀医学”（médecine ayurvédique）。

◄ 在印度，丹万塔里勋爵（lord Dhanvantari）被认为是众神的医生和阿育吠陀医学之神。正是他构想并创造了以草药和其他自然疗法为基础的初级保健，被视为医学领域的上帝。

希腊与希波克拉底的芳香处方

在医生处方的推动下，希腊香水也由原来的以宗教用途为主转变成以医学用途为主。希腊南部与埃及隔海相望，北部与美索不达米亚文明接壤，东部依靠着东方文明，使得人类文明的璀璨成果都在这里交汇。医学的发展与思想的发展息息相关，也自然而然地存在着一些神话般的医学传说。

著名的希波克拉底（Hippocrate）通过熏蒸和燃烧芳香木材等方式，将雅典的病人从疟疾和鼠疫中拯救出来。他说："自然是人类的首位医生，只有充分发挥自然之力，我们才能取得成功。"他开的处方中，有香脂、按摩剂、香油等多种芳香物质。他建议熏蒸鼠尾草来治疗某些疾病，提出用藏红花的香味来安神助眠。针对不能生育的女性，他还开发出一种"香水测试"："如果女人不能怀孕，并且你想知道怀孕对她是否有害，则需要用床单和毯子将她四面包裹起来，并在下面抹满香水。如果香水的香味穿过身体，几乎传到了鼻子和嘴巴，那她就是不能生育的。"

希腊战争中香油的使用

古希腊时期，体育锻炼都是裸体进行的。人们用芳香油擦拭身体，使肌肉更柔软，皮肤更光滑。在战争之前，希腊人会在他们的房子和饲养的牲畜身上洒抹香水。此外，战士们还会在身上涂满香脂和香油，既能保护自己免受地中海阳光的强烈照射，又可以掩盖身体的气味。战争结束后，他们也会用香油来治疗伤口。

在这方面，荷马给我们留下了关于亚齐人所遭受的战事之苦以及早期治疗试验的描述。在《伊利亚特》（*Iliade*，第十一章）中，有对赫克米德（Hécamède）准备的一种具有魔法美德的芳香药剂的叙述。

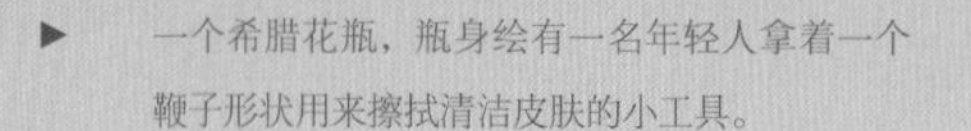

▶ 一个希腊花瓶，瓶身绘有一名年轻人拿着一个鞭子形状用来擦拭清洁皮肤的小工具。

古罗马草药师

在古罗马，洗澡、按摩和体育锻炼同样重要，而且都是在香气缭绕的空间进行的。对此，依旧是罗马人老普林尼为我们留下了最为详尽的叙述。他的《自然史》（尤其是第十二至十九卷）致力于植物学研究，涵盖了各种树木及外来植物。我们了解到，芳香植物的收获形式多种多样，根、茎、树皮、树液、树脂、木材、枝条、花朵、叶子和果实等都可以用来制香。老普林尼还描述了从这些植物中提取的药物（第二十二至三十二卷），被希腊历史学家希罗多德（Hérodote）称赞为真正的“调查研究”。所有这些记述构成了百科全书般的知识网络，从中世纪到19世纪一直广为流传。

▲ 罗马公共浴室的石版画。

东方的重要性

公元2世纪左右是罗马帝国最鼎盛的时期，这一时期近东地区的香气也是最令人陶醉的。五个世纪之后，伊斯兰教在地中海盆地所有文明中扎了根，此外还入侵了波斯和印度。前者是通往亚洲的门户，后者则是草木、药品和香料的重要产地。从撒马尔罕到大西洋，伊斯兰教乘风破浪，建立了一个庞大的帝国。香水作为这种征服的附庸，与女人和儿童一道，构成了伊斯兰教中先知的天堂。伊斯兰教将巴格达立为世界之都和玫瑰之乡。在那里，智者和医生都备受尊敬。波斯医生、科学家拉齐（Rhazès，865—925）博学多才，是医学界的佼佼者。他在巴格达修建医院，进行医学分析。在收集分析了113本著作及其背后研究的基础上，拉齐撰写出《医学集成》（*Continens*），一部基于观察的百科全书式的医学著作。其内容也证明了当时东西方药用植物与芳香植物贸易的重要性。

▲ 1913年左右发现的治疗感冒和咳嗽的药物处方，可能出自巴格达地区。

中世纪初期

此时，香水的使用正在日趋减少，部分原因是因为教会认定香水是一种与异教世界相关的轻浮的象征。然而，参与十字军东征的基督教骑士还是将香料、香炉以及用以焚烧的香和树脂等放进行李箱，作为战利品带了回来。

大马士革玫瑰由罗伯特·德布里（Robert de Brie，1254—1270）带回。种植在普罗旺斯的法国蔷薇，也称药用蔷薇，则由特奥巴尔多四世（Thibault IV）从圣地带回。

13世纪，十字军东征使得威尼斯人垄断了奢侈品贸易以及从黑海和塞浦路斯进口的制香原料。另一方面，大量文献记载了含有香料配方的医学特性，因而香气一时变成了“药物的灵魂”。

► 仆人在吉亚斯·艾尔–丁（Ghiyath al–Din）的房间里喷洒香水的微缩画，1495—1505。

教会与药用植物

在中世纪，药用植物的使用在宗教团体中很普遍。他们有专门的草药园，种植着号称与上帝和魔鬼有关的所有植物。简单地说，就是指由植物制成的药物。香水和其他药水便是教会的人制造的。这些说法可以从12世纪的本笃会修女、德国神秘主义者圣希尔德加德·宾根（Hildegarde de Bingen）的著作中得到证明。圣希尔德加德擅于观察异象，她的著作既有关于上帝的启示，又有关于疾病及治疗方法的资料。在《认识上帝之道》（*Scivias*，1152年）中，她介绍了所喜爱的保健植物的配方及其对这些植物治疗特性的观察。在当时，健康和知识依然依附于神。僧侣们虽然对植物药用价值的认知没有任何科学依据，却拥有着非常准确的经验。草药师在修道院里的身份至关重要，他既是药剂师，又是那里的医生。在所有这些药用植物中，既有如百里香、洋甘菊等用于急救的植物，又有苦艾、薄荷、起绒草等用来治疗胃病的植物。人们用小洋甘菊和马鞭草来治疗发烧，用鼠尾草、蜜蜂花和芸香来减轻女性的痛苦。每种植物的通俗名称往往透露出其特性（形状、颜色、气味等），人们可以从中推断出可以用它来治疗什么。这就是所谓的“顾名思义”。

◀ 忍冬、鼠尾草和玫瑰，摘自15世纪马泰乌斯·普拉塔利乌斯（Matthaeus Platearius）的《普通医学》（*Livre des simples médecines*）一书。

要不要洗澡？

水有治愈作用的观念贯穿了整个中世纪，使得在13世纪的大城市里，公共浴场的数量和规模达到前所未有的程度。仅在巴黎就有多达数十个蒸汽浴室。但是渐渐地，兴奋和骚动的一面使蒸汽浴室朝着堕落的方向发展，成为教会的眼中钉并受到其强烈的批评。

14世纪开始，瘟疫蔓延，而浴场被认为是传染的源头。当时，人们认为蒸汽会使人体毛孔增多，从而使瘴气入侵人体。因此，对浴室的抵制从单纯的宗教信仰问题演变成卫生健康问题。尽管皇家官邸，如枫丹白露宫和凡尔赛宫等，还是保留了浴室，但浴场的整体数量还是不可避免地减少了。1551年，在亨利二世的第一个外科医生安布鲁瓦兹·巴累（Ambroise Paré）的命令下，公共浴室被永久关闭了。

从医疗到卫生领域：用香水来抵御恶臭

中世纪末期，香水逐渐朝着卫生功用方向发展。人们用它来掩盖因长期拒绝洗澡而产生的恶臭。由于担心水成为疾病传播的媒介，城市居民尽可能远离它，而芳香的气味确保了水的卫生性，可以消除人们的顾虑。在这期间，皇家或帝国法院也为香水贸易的发展做出了贡献，香水变成了比以往任何时候都更能区分社会阶层、彰显社会地位的标志。

▲ 17世纪女性手持香炉的画像。

香水：提升审美，彰显身份

文艺复兴时期，人们对流行病的恐惧使得污秽和恶臭肆意横行。为了掩盖体味，他们大量使用气味浓烈的香水。城市居民还重拾几近消失的古老习惯，将玫瑰水或薰衣草水等用于日常干洗中。

另外，在此期间，气味也变成一种“景致”，成为欲望的载体和区分社会阶层的标志。16世纪，人们发明了“香料球”（pomander），球身由金或银制成，通常镶嵌有珍珠或宝石，是东方出产的最精美的饰品，人们用它来盛放麝香、香脂、树脂和其他香精。人们将它挂在腰间，或者装饰在项链和戒指上。据说，香料球用于预防流行病和消化系统疾病的作用极为显著。

对于高贵典雅的贵族女性来说，紫罗兰、薰衣草和橙花香水使用得越来越普遍。

她们的衣服里面藏有装着花瓣或气味芬芳的树皮的香料包。法国、英国和意大利的宫廷都有久负盛名的香水师，他们放大了香水区分社会阶层的功能。在凡尔赛宫，香水和各种各样的有香气的物体如光环一般环绕四周，延伸和放大着使用者的形象。

卫生意识

当时的生理学家认为，水和空气是疾病的导火索。因此自16世纪以来，人们经常通过换衣服来保持清洁。此外，人们还用洁肤液和醋来擦拭皮肤进行干洗，用燃烧香水、放置香料等方法来净化空气。在那个年代的皇家宫廷里，厕所还没有完全出现，香水作为一种除臭剂，成为对抗瘴气和恶臭的无价之宝。当然，对卫生的追求仍然是阶级性的，只有皇室成员才有此特权，他们也成为首批欣赏到18世纪嗅觉革命产生的新香气的人。

香水：瘟疫的克星

尽管法国皇室强力防范，但鼠疫在17、18世纪再次出现，特别是1720至1750年间，瘟疫肆虐马赛、艾克斯、阿尔勒和土伦。在那里，瘟疫夺走了一半人的生命。医生建议，除了隔离之外，人们还应在房间里燃烧放有乳香、琥珀、麝香、樟脑、木瓜籽和杜松子、硫黄、雌黄、锑甚至火药的香炉。路易十三的首席医官查尔斯·德洛姆（Charles Delorme）为那些不可避免接触患者的人发明了一套“防护服”（costume de peste）。这种服装形似长袍，黑色，覆盖性强，从脖子一直延伸到脚踝。顶部由一个宽边帽和一个喙状面具组成，其中放置了芳香植物和香水以净化呼吸的空气。同时，调香师要负责用香水来对场所、个人甚至动物进行消毒。

▲ 用精美宝石装饰，有六个隔间来存放香料的黄金香炉，1600—1625年左右。

▲ 熏蒸器，一般被绑在长棍末端，用来掩盖尸臭的医生工具。当时，医生拿着它去探望瘟疫患者。

对卫生的益处

19世纪法国大革命后，对卫生状况的追求使个人清洁不再是一件无关轻重的小事。虽然之前禁止洗澡，但现在人们重新认识到洗澡有助于改善皮肤状况和维持人体健康。卫生方面的考量逐渐主导了香水行业，并催生满足19世纪卫生和道德社会期望的产品。就这样，香皂逐渐取代了马赛皂，并在1862年占据了香水产量的一半。从1830年开始，在从事“卫生工程”的建筑师中，舒适变得更为重要，从19世纪80年代开始，浴室就成为住宅中一个完全集成的房间。简言之，香水和卫生继续齐头并进，这是香水成功的主要原因，除了奢侈和幸福感之外，香水还有助于卫生，从而促进身体健康。

▲ 17世纪穿着皮质防护服对抗鼠疫的医生。长长的“喙”中放置香料以掩盖尸体的气味，眼窝被玻璃覆盖。

英国人发明抽水马桶

18世纪中叶起，由于英国的“卫生革命”，香水掩盖臭味的功能逐渐消失。英国人极力提倡定期清洗来杀菌消毒：每天洗手、洗脸，每周洗澡两到三次。他们还发明了一种叫作“抽水马桶”（water–closet）的装置，使人可以在不受限制的情况下，以卫生的方式放松自己。巴里伯爵夫人（la comtesse du Barry）在凡尔赛宫的私人公寓里安装了一个，标志着卫生习惯的巨大进步，引来后来玛丽–安托瓦内特太子妃（la dauphine Marie–Antoinette）的效仿。

▲ 盥洗室里装有抽水马桶的巴黎公寓，1887年左右。

首批嗅觉传奇

从14世纪开始，随着酒精的发现，在西方逐渐出现酒精香水。掺了酒精的水拥有辛辣口感，因而被称为“火之水”。在蒸馏器和蛇形管的作用下，酒精蒸馏为现代香水、早期著名的嗅觉传说甚至后来知名香型的出现铺平了道路。

▲ 画中一位正在梳妆的年轻女人，1650—1660年左右。

匈牙利女王水

第一款西方香水（1370年）是由雪松、柠檬香脂草混合迷迭香、鼠尾草和墨角兰的馏出物或酊剂制成的。关于它的传说虽然有些荒唐，却也因之传承下来。传说匈牙利女王曾说道：“我，唐娜·伊萨贝拉（Dona Ysabel），匈牙利的女王，已经72岁了。我终日卧床，饱受病痛折磨。后来，我遇上了一位前所未见，之后也再也没有见过的隐士，他送给我一份秘方。服用之后，我容光焕发，波兰的国王都想娶我为妻。但怀着对耶稣和对赐予我配方的天使的爱，我拒绝了他。这个配方就是：把迷迭香、墨角兰的叶子、鼠尾草和烈酒一同放入玻璃瓶中，再在阳光下暴晒五到六天。”但是这位身份神秘的匈牙利女王究竟是谁呢？这个故事会是寻觅贵族客户的化学家或是蒙彼利埃的调香师想象力的结晶吗？答案我们无从知晓。无论如何，可以确定的是，在13世纪时阿尔诺·德·维伦纽夫就已经提到了一个类似的配方，是由迷迭香制成的酊剂，被炼金术师称为“可以饮用的黄金”。官方层面，首次提及匈牙利女王水，是在1660年凡尔赛宫的学者、法国化学家玛丽·默德拉克（Marie Meurdrac）等人的著作中。

修道院开发了许多知名的产品来对抗各种疾病，其中就包含“火枪酊剂”（*Eau d'arquebusade*），16世纪由修士发明，被弗朗索瓦一世（François Ier）要求用来医治火枪伤口的一种药物。

这种药物的效果非常显著，不仅可以镇定神经，缓解头痛、牙痛，还可以促进睡眠，治疗胃痛及其他消化系统疾病。逐渐地，它不再是专属国王的火枪手，而被普通民众使用。18至19世纪时，它广受欢迎，“火枪酊剂”的名字也被广泛传播开来。1828年，皮埃尔·弗朗索瓦·帕斯卡·娇兰（Pierre François Pascal Guerlain）在开第一家店时，也是依靠这款产品取得了一定的成功。

◀ 有着蜂蜜香和柠檬香的植物。

▲ 一瓶加尔默罗水。

加尔默罗水

加尔默罗水（*Eau des Carmes*），或称香蜂草水（*Eau de mélisse*），是当时另外一种非常著名的药物。它由多种植物开发而来，效果十分出色。香蜂草原是西班牙医生的药用植物，10世纪时由本笃会的修士引入法国，之后作为药物栽培了数个世纪。

加尔默罗香蜂草水结合了14种植物和9种香料的治疗功效。因为香蜂草是其主要成分，所以以它命名。它最早是由16世纪一位植物治疗师发明的一种安慰剂，秘方随后被托付给了巴黎沃日拉尔路上天主教加尔默罗会的神职人员达米安神父（le père Damien）。修士们对它的疗效深信不疑，于是决定确保其生产。不久，它就成了黎塞留枢机主教（cardinal de Richelieu）用来缓解久治不愈的偏头痛和消化系统疾病的特效药，成了他最喜欢的药物之一。

四贼醋

四贼醋（*Vinaigre des quatre voleurs*）这款非常著名的香水诞生于瘟疫时期，关于它的历史，有很多引人入胜的传说。据说在18世纪初，当马塞（另说图卢兹）的“官员”在疫情造成的灾难面前束手无策时，有四名盗贼却在大肆偷盗，没有任何顾虑。他们可以潜入病死者家中为所欲为而免受感染。在法庭上，他们用提高免疫力的神秘配方来换取豁免权。根据传说，他们用大蒜醋和许多芳香植物（鼠尾草、迷迭香、薄荷、肉桂、麝香）与樟脑混合制成的浸渍物来擦拭身体，尤其是手和脸等部位。这个配方随即被推荐给民众，被证明是非常有效的。四贼醋具有治疗皮肤病和抗菌的特性，是抵抗传染病的良药。1748年起，它就被列入医学论文中，并作为外用抗菌药在药房出售，直至1937年。

▲ 四贼醋，18世纪末。

▲ 正在工作的僧侣，或许是达米安神父在制备加尔默罗水？

来自东方的香

如果没有阿拉伯、埃及、印度和土耳其等对芳香原料的发掘，调香师们的才干又体现在哪里呢？东方世界以源于植物和动物的柔软细腻的香味，完美地体现着人类的情感和欲望，也体现着遥远地平线上的富庶和祥和。

▲ 东方青铜鸟香炉，可追溯到12—13世纪。

东方，幻想的香味之地

自古以来，南阿拉伯就被称为“幸福的阿拉伯”，是一个富丽堂皇，充斥着神圣香气的地方。过去的三千年来，南阿拉伯和东方一直在向世界各地传播香气，陶醉着人们的感官。

首先描述阿拉伯香气的人是希腊历史学家希罗多德（Hérodote）：“整个阿拉伯都散发着神圣的甜蜜香气。”

在阿拉伯，香水正处于“纯”与“欲”的十字路口，既可用于美容，又可予人以诱惑。它还蕴含着爱情的怀恋。轻唤一声所爱之人就足以唤起对香味的记忆。早在公元1 000年，阿拉伯人就通过蒸馏来提取香精，并生产出玫瑰水。这些玫瑰水既用来净化圣地和清真寺，也因其令人愉悦的香气应用在卫生护理和美容过程中。

珍贵的艺术

自古以来，豪华香水就装在由金属、坚硬的石头、玻璃或陶瓷制成的瓶子里。阿拉伯人的腰间就别满了金质或是银质的香匣。事实上，他们在火焰艺术[①]（arts du feu）上享有着很高的声誉，因为金属制品在当时被认为是最奢侈的产品。由于香料的价格与黄金一样昂贵，所以阿拉伯的居民被认为是富豪。自从希巴女王率领满载着香料的篷车拜访所罗门王以来，整个东方都被芳香包裹。这种稀有商品的需求量如此之大，以至于它的贸易遍布埃及、波斯，涉及包括希腊、罗马在内的地中海盆地地区，甚至拓展到欧洲和中国。

香料比黄金更珍贵，使得一直垄断香料贸易的阿拉伯航海家发了大财。得天独厚的地理位置使塞浦路斯岛变成东方香水的贸易中心，那里的产品也非常有名。在摩尔国王的统治下，阿拉伯香水商能够在格拉纳达拥有商店。随着后来蛮族入侵和476年西罗马帝国的沦陷，与香水有关的习俗在西方地区有所减少。直到12、13世纪，得益于与东方，尤其是与威尼斯人和阿拉伯人进行贸易，这种情况才得到改善。

▲ 17世纪中叶，莫卧尔帝国装饰着黄金和宝石的杧果形状的瓶子。

① 指与火相关的技术，如治陶、冶金、上釉等。

▲ 一名印度女子在帐篷中被洒上玫瑰水的微缩画，18世纪。

印度的神秘

自古以来，无论是宗教领域还是世俗领域，印度都把香水放在极为重要的位置。印度香水与印度众神及宗教信仰关系尤为密切。在宗教仪式中，它们以鲜花、柱香和香精的形式存在。“香水”一词在印度有不同的名称，是其文化演变和多重影响的见证。自吠陀起源以来，植物成分（根、茎、叶、花、树脂等）既被用于宗教仪式中，也被当作药品和化妆品来使用。在拉者[1]（maharajas）的婚礼上，新娘用特定的器物在新郎身体的某些部位涂抹香精，印度女人喜欢在这种浪漫的气息中拥抱。

① 印度地区对国王或土邦君主、酋长的称呼。

中国，香水的灵感之地

“parfum”和“parfumé”，在中文中都写作“香”，这是一个表意文字，经常会用在烹饪或地名中，还会作为修饰语与佛教相关联。“香”字有着两千多年的历史，自第一个千年下半叶开始，它的语义变得更加丰富，从简单的描述气味又衍生出许多道德层面的含义。“香”可以比喻儒家推崇的美德，也指代佛家追寻的大智慧。人们用檀香木雕刻佛像，为的就是让“香佛”观念在客观和主观上都变得更加深刻。

▶ 一尊由三部分内容组成的雕刻杰作，描绘的是佛陀在曼陀罗上的光环，公元5—6世纪，产自中国。

科蒂和龙涎香调协

19世纪，也是现代香水的时代，受东方传统香型的影响，许多名为“苏丹水”“舍赫拉扎德水”“哈雷姆水”“科隆水”的香水涌现出来。1905年，制香天才弗朗索瓦·科蒂（François Coty）回归传统，借鉴古老东方温和、宁神的龙涎香调协[①]，融合香脂、珍贵木材、麝香、香草和异国情调的花朵、香料，推出杰作“古老龙涎香”（*Ambre Antique*），为新的“龙涎香”（ambrés）系列铺平道路。为了制配这种香调，科蒂采用化学家萨缪尔森（Samuelson）提出的S龙涎香精。使用人工合成元素制香，这在香水历史上尚属首次。在此之后，科蒂在1911年“冥河”（*Styx*）和1922年“翡翠”（*Émeraude*）两款香水中再次使用了古老龙涎香的调协。

▲ 1995年再版的科蒂“古老龙涎香”，瓶子由勒内·拉里克设计。此版为限定系列，瓶身绘有法兰多拉舞女郎，被装在一个精美的礼盒中。

① 香水的前、中、尾调合在一起的总称。

日本的精致

在日本，香被称为“ko”。长期以来，烧香艺术一直是受过高等教育的精英们最喜欢的消遣方式。11世纪时，在平安时代的宫廷里，贵族们曾举行过名副其实的斗香比赛。正是在这些被称为“ko-awase”的竞赛中，最细微最复杂的木料和芳香香料混合物被制作出来供参赛者使用，而他们也必须对这些成分有明确的认知。这种香味竞赛的准备工作可能持续数周，这一点可以在日本皇室最古老的绘卷，紫式部创作的《源氏物语》中得到证明。

16世纪时，在佛教禅宗的影响下，焚香从世俗领域和皇室贵族精英阶层中剥离，转变为宗教领域集中精神和进行冥想的必需品。在“ko-do”（香道，voie du parfum）仪式中，庆祝者们必须进行“ko-o-kiku”，一种意为“听香”的艺术活动。“听香”在日本意义深远，与插花、茶道齐名，被编撰成书记录下来。

▲ 香道高砂（*Kodo Takasago*）：盛行于20世纪日本的一种游戏，通过气味来识别正在消耗的芳香木材混合物，并将其与符号联系起来。现藏于法国格拉斯国际香水博物馆（Musée International de la Parfumerie,Grasse-France）。

保罗·波烈——中国之夜（1913）

和保罗·波烈（Paul Poiret）设计的时装一样，香水“中国之夜”（*Nuit de Chine*）也饱含着他对东方艺术的热爱。为了装扮这种琼液，他选择了一种形似中国鼻烟盒的仿玉玻璃瓶，名字也写成了中文。这款香水糅合了广藿香、茉莉花、玫瑰、肉桂、丁香、香根草、岩蔷薇、琥珀和麝香的香气，气味温暖而浓烈。保罗还专门为它提出了口号：“中国之夜，不论财富，只关优雅。”

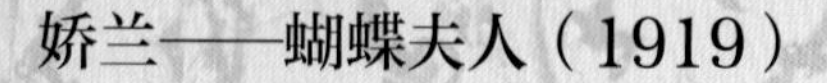

娇兰——蝴蝶夫人（1919）

“蝴蝶夫人”（*Mitsouko*）由雅克·娇兰（Jacques Guerlain）创作并命名，是首批将天然原料与合成原料和谐结合的香水之一。它是一款沁人心脾的西普香水，桃醛香的主导下隐藏着淡淡的柑果香。

彼时，欧洲对“远东”文化十分迷恋，“蝴蝶夫人”就是借用了克洛德·法雷尔（Claude Farrère）的小说《战役》（*La Bataille*，1909）中女主角的名字。这部小说讲述了1905年日俄战争期间，日本海军上将的妻子“Mitsouko”（日语中意思是“谜”）与英国海军武官之间不可能的爱情故事。

没有太阳就没有香水

在香的历史上，从来没有出现过来自寒冷的香气。因此，如果没有阳光普照东方，香也就不复存在了：大多数香，无论是花、芳香剂、树脂还是珍贵的木材，都来自阳光充足的东方地区。神秘的东方在西方诱发了许多梦幻的想象，所形成的“东方主义”潮流，影响了西方整个 19 世纪的社会文学和艺术运动。这种潮流标志着当时西方世界对阿拉伯文化（特别是马格里布文化）和土耳其文化的浓厚兴趣。奢华的气质和异域风情滋养了无穷的魅力。对于西方调香师来说，这种魅力基于他们各自对东方不同的见解，以不同的形式表达出来。

娇兰——一千零一夜（1925）

1925年，在巴黎装饰艺术展览上，雷蒙德·娇兰（Raymond Guerlain）受佛塔艺术启发，为“一千零一夜”（*Shalimar*）度身定做了一款超凡脱俗、具有“历史感”的香水瓶，揭开了其辉煌历史的序幕。“一千零一夜”由雅克·娇兰创作而成，被视为其代表作。它的香气清新轻盈，又不乏丰富的调协和对感官的撩拨。它的名字背后也有着美丽的传说，“Shalimar”一词在梵文中意为“爱情宫殿”。相传17世纪时，印度大帝沙·贾汗（Shâh Jahân）十分宠爱妃子姬蔓·芭奴（Mumtâz Mahal），因此下令在拉合尔地区建造了许多美丽的花园，名为“Shalimar”。爱妃去世后，沙·贾汗命人在阿格拉附近为其建造陵墓，就是举世闻名的泰姬陵。

罗莎——拜占庭（1987）

公元330年，位于博斯普鲁斯海峡入口处的拜占庭市更名为君士坦丁堡，以纪念君主君士坦丁一世。当时的统治者西奥多拉皇后极尽奢华，在长裙上镶嵌耀眼的黄金，缀满珍贵的宝石，与这个当时世界上最为辉煌的城市相互映衬。后来，奥斯曼帝国入侵拜占庭——君士坦丁堡，并于1453年占领那里。16世纪时期，在苏莱曼大帝统治下，这座城市的发展又达到顶峰。

拜占庭的宏伟和富足向来是众多调香师的灵感源泉，其中就有著名的巴黎罗莎（Rochas）。1987年，罗莎推出“拜占庭”（*Byzance*）香水。它以东方的花香为主调，调性柔和，没有任何沉重感。玫瑰和茉莉的大量应用，加上木材（雪松、檀香木）和麝香的搭配，给人以非常丰富的印象。带有金质纪念章的蓝色香水瓶也与拜占庭风格完美契合。

芦丹氏——琥珀君王（1993）

芦丹氏（Serge Lutens）的“琥珀君王”（*Ambre Sultan*）大方、迷人，是对1968年赛尔日·芦丹氏（Serge Lutens）首次造访摩纳哥之旅的致敬。芦丹氏是一位才华横溢的艺术家，他对摄影、绘画、电影、时尚，当然还有香水的创作都有着饱满的激情。1992年，其香水“林之妩媚”（*Féminité du bois*）开创了以阿特拉斯雪松为原料制作女士香氛的先河。同年，怀着对高级香水和对被遗忘的制香原料的敬意，他在巴黎皇家宫殿为资生堂（Shiseido）开立了一家香水店铺。

芦丹氏也是一位深受中东文化启发和影响的调香师。在马拉喀什的广场上游历时，不经意的一嗅震撼了他的嗅觉——那是雪松和小块人工合成的琥珀树脂混合在一起的香气。为了纪念这种迷人的味道，芦丹氏创造出“琥珀君王”，希望重现王者香气。

娇兰——轮回（1989）

“轮回”（*Samsara*）的名字受东南亚文化的启发，源于梵语，意为“生命的轮回”。它的香水瓶以柬埔寨舞者的雕像为灵感，由罗伯特·格兰奈（Robert Granai）设计，采用了红色，在宗教中具有神圣的含义。主要原料檀香木——产自印度，也是让-保罗·娇兰（Jean-Paul Guerlain）最喜欢的材料之一——与双瓣茉莉相结合，是众多成分中的点睛之笔。值得一提的是，双瓣茉莉在东方宗教中是一种神圣的花。黎明时分，妇女们会唱着爱情的歌谣将它采下，并供奉在印度教的寺庙中。而香草和零陵香豆的使用，则延展了调协的烈性。

圣罗兰——鸦片（1977）

早在18世纪，中国就出现了鸦片滥用的现象。西方人经常光顾鸦片店，他们认为这是一个额外的“异国情调”来源。伊夫·圣·罗兰（Yves Saint Laurent）对东方的着迷在“鸦片”（*Opium*）香水上得到完美体现：“‘鸦片’是蛇蝎美人，是宝塔，是灯笼。”

鸦片香水调协纯粹而浓烈，它的硫化物成分使东方香水风靡一时。此外，它的瓶身设计同样别出心裁：瓶塞让人想起“根付”（*netsuke*），瓶身形似日式“印笼”（*inrô*，in指印章，rô指盒子）。印笼是一种小型盒式漆器（周围有绳子环绕，绳子末端是一个雕刻在箱子顶部的球，绳的另一端常系有代表人或动物的根付），常用来放置药草、香料、珍贵物品或是止痛用的鸦片，是日本武士挂在腰间的装饰品。

◀ 18世纪末，带有贝壳和萤火虫图案的日本印笼。

香水在凡尔赛

路易十四（Louis XIV）时代修建的凡尔赛宫富丽堂皇、光芒夺目，成为欧洲城堡的典范，尽显这位太阳王的王者气概。那时，每天有三千至一万人聚集于此。所以，在凡尔赛宫，舒适度是最基本的，使用的香水首先要具有卫生和医疗功能，但是这也并未影响到人们对某些气味的改良，并使其脱颖而出。

▲　17世纪的一幅画，画中是曾经在凡尔赛宫的克拉尼城堡（château de Clagny）里的蒙特斯潘夫人。

◄ 安托万·扬·德·维尔克莱尔（Antoine Jan de Villeclair）的一件金器，内配有四只金瓶塞的香水瓶和一只金制香料漏斗，1755—1756年左右。

路易十四和他的芳香喷泉

路易十四于1661年开始建造凡尔赛宫，在使法国宫廷的奢侈享乐达到新高潮的同时，也极大程度地刺激了法国艺术和文学的发展。

在他的统治下，香水作为贵族特权被带进了凡尔赛宫，与古代香水只为众神所有如出一辙。1693年，西蒙·巴尔贝（Simon Barbe）先生在其著作《法国调香师》（*Le Parfumeur françois*）中称路易十四为“拥有最甜美花香的王”。然而，西蒙赞美的不是他真实存在的身体气味，而是其神圣专制君主的威严。

在那时，调香师会为那些希望在宫廷里拥有独一无二香味的贵族量身定做香水。他们会用香精、洗剂以及含有可可和香草成分的香膏来浸渍衣物。有些人，比如孔代王子（prince de Condé），甚至用烟草进行调味。

存香之所

路易十四经常使用气味浓烈的香水来取悦他的情妇们，比如有名的露易丝·德·拉·瓦里埃尔夫人（Louise de La Vallière）、玛丽–安吉莉克·德·丰唐赫公爵夫人（Marie-Angélique de Fontanges）和弗朗索瓦丝·阿泰纳伊斯·德·蒙特斯潘夫人（Françoise Athénaïs de Montespan）。为了讨他的最爱——蒙特斯潘侯爵夫人的欢心，他还命令建筑师勒沃（Le Vaux）在凡尔赛宫花园内先后建造了“特里亚农花宫”（Trianon de Flore）和“特里亚农瓷宫”（Trianon de Porcelaine）。前者是一座精致的小城堡，后者则隐匿于最罕见、香气最为浓烈的花海中，那里的空气弥漫着芬芳。此外，在凡尔赛宫的勒诺特尔（Le Nôtre）花坛中，还种有气味清香的茉莉花。西蒙·巴尔贝在《法国调香师》中有法国皇室用花取香的相关描述：“较常用的是橙花、玫瑰、肉豆蔻、晚香玉和茉莉花，因为它们的香味最浓。人们将其覆盖在身上、器物以及工艺品上。”路易十四统治末期钟情于“橙花水”（*Eau de fleur d'orange*），甚至将它掺入凡尔赛宫的喷泉当中。这种香水的取材于1684年至1686年间，朱尔斯·哈杜因–曼萨尔特（Jules Hardouin–Mansart）建造占地至少三公顷（0.03平方千米）橘园中的酸橙树（苦橙树）。路易十四在那里收集了两千多箱的橙花。在其生命的最后几年，因认定香水是导致其头痛和眩晕的罪魁祸首，路易十四不再使用香水，并在宫廷中封杀它们，直到1715年病逝。

从厚重的动物香到更细微的香气

狄德罗（Diderot）在《百科全书》（*Encyclopédie*）中一篇题为“小主人”（*Petit Maître*）的文章中曾写道：“（从现在起，男人和女人都是）轻盈的昆虫，它们在稍纵即逝的光阴中闪闪发光，用力挥舞着粉状的翅膀。”由于挥发性强的香脂和花香的出现，气味厚重的动物香很快被取代。英国的卫生教育使得人们对更加微妙的气味有了深入的认识。香水不再用于卫生医疗，也不再用于掩盖难闻的气味，而是变成一种诱惑的工具。在17世纪，尽管香水并没有纳入1644年的《优雅法则》（*les lois de la galanterie*），但它在男性装扮中占据很重要的位置。

在路易十五的宫廷中，古龙水被七年战争（la guerre de Sept Ans）的士兵们带回凡尔赛。整个凡尔赛宫的人，包括路易十五，都被其吸引，歌颂它的美好作用。路易十五也渐渐懂得了香薰浴对于健康的益处，于1750年在凡尔赛建了一间新浴室。

路易十五与芳香的宫廷

1722年，在路易十五统治时期，凡尔赛宫开始逐渐重视卫生清洁，达官显贵们也开始喷香水。路易·菲利普一世（奥尔良公爵，Philippe d’Orléans）执政之后，氛围轻松的宫廷变得香气环绕。穿香变成了一件十分高雅的事，甚至有人会在一天之中不同的时间段使用不同的香水。当时，几乎每个人身上都散发香气，正如1768年编年史作家路易-安托万·卡拉乔利（Louis-Antoine Caraccioli）所写：“从天花板到人的思想，所有东西都充满香气。”只有哲学家十分谴责这种现象，并试图用难闻的气味使自己与众不同。

国王本人会在1月1日将自己研制的香水送给宫廷中的女性。蓬帕杜侯爵夫人（La marquise de Pompadour）对化妆品和香水非常痴迷，她每年在香水方面至少花费十万英镑，对于这个芳香宫廷的形成起着十分重要的作用。她支持塞夫尔工厂（Sèvres）生产素坯或陶瓷香水瓶，并且会给到凡尔赛宫访问的外交官提供小瓶玫瑰精油，据说是国王亲自在作坊中蒸馏出来的。而大特里亚农宫（Grand Trianon）也有一片园区专门种植制作宫廷香水的花卉和植物。

◀ 让·劳克斯（Jean Raoux）“五感系列”（*Les Cinq Sens*）画作《嗅觉》（*L'Odorat*），1720—1730年左右。

让–路易·法赫基翁：安托瓦内特王后的御用调香师

在商人看来，1770年玛丽–安托瓦内特与王太子，也就是后来的路易十六的婚姻，对于巴黎奢侈品贸易起到了积极的促进作用。人人都渴望为太子妃效劳，这一点对于让–路易·法赫基翁（Jean-Louis Fargeon），这个古老调香世家的继承人来说也不例外。

1773年，他只身前往巴黎，开启了他的传奇人生。据说在当时，自从奥尔良公爵摄政开始，巴黎的调香师就被认为是最具创造力的，所以太子妃也只认准巴黎供应商提供的香水。让–路易·法赫基翁到巴黎后被维吉耶夫人（la veuve Vigier）收为学徒，而这位夫人的丈夫去世前正是路易十五的御用调香师。1774年，法赫基翁学业有成，开始在调香事业中崭露头角。同年，路易十五去世，路易十六登基，年仅18岁的玛丽–安托瓦内特成为法国王后。于是宫廷

▲ 让–克洛德·杜普莱西斯（Jean-Claude Duplessis）设计式样，查尔斯·尼古拉斯·多金（Charles Nicolas Docin）做彩绘装饰的杂货花瓶，出自18世纪塞夫尔工厂。

的80多位商家摩拳擦掌，绞尽脑汁想要讨好这位年轻貌美的王后。法赫基翁就是在这种背景下脱颖而出，当选为王后的调香师。之后他与御用发型师莱昂纳德（Léonard）合作，为他调制茉莉花香的润发油和花香精油。造型师罗丝·贝尔坦（Rose Bertin）则请他为缝在衣服上的假花饰物喷洒香水，使之像真花一样芳香扑鼻。久而久之，包括公主和国王的兄弟在内，几乎所有的皇室成员都成了法赫基翁的忠实顾客。

◄ 皮埃尔·德·拉·梅桑杰尔（Pierre de La Mésangère）的彩色蚀刻画，写着："王妃和王后的御用调香师——法赫基翁精品店"。

制香技术革新

自路易十五登基以来，香水业得到了长足的发展。让–路易·法赫基翁在巴黎鲁尔街工作，在那里他致力于改进蒸馏技术。通过反复多次对原材料进行蒸馏的"精馏"技术，他成功提取出与蒸馏水分离的精油。这些精油被称为"烈酒"（esprits ardents）。此外，在路易十五时期，香水之都格拉斯小镇研发出了用油脂萃取花香的技术。因为花朵非常脆弱，所以芳香黏液在之前无法通过蒸馏技术萃取。这一革命性技术为香水业带来了全新发展前景，使调香师拥有了更多的调香材料，并能摆脱季节的局限，由此诞生了通过不同季节的花朵萃取得到的所谓的"百花"花香香水。

▲ 路易十六时期的折扇。

玛丽－安托瓦内特和馨香的一切

玛丽－安托瓦内特一周要泡好几次澡，还要求侍女用被称为"温和沐浴"的香皂和植物香囊给她擦拭身体。虽然香皂的成分使洗澡水变得不再透明，但它们消灭了王后身上的细菌，同时留下了清香的气味。从此终于无须再使用味道很重并且令人头晕目眩的香水来掩盖身上难闻的气味了！让－路易·法赫基翁向王后献上数十副白色手套、狗皮露指手套、薰衣草香精、几瓶烈酒、橙花香脂、杏仁香脂、橙花粉，以及散发紫罗兰和西普香水味的塔夫绸制成的香味花篮和其他众多配饰。

玛丽－安托瓦内特尤其喜欢法赫基翁制作的香扇。得意时，她用它掩饰嘲讽的笑容；经历过孩子的相继离世以及大革命初期的各种纷争后，折扇则更多地被用来掩盖眼泪。法赫基翁还为她制作了一款名叫维纳斯香精的酸醋。他配制的柠檬香脂、双橙花香脂、黄瓜香脂、百香权杖以及薰衣草香精、茉莉香脂、古龙水和香囊等，王后也爱不释手。为了跟随时代的潮流，法赫基翁将这些香水命名为“金色花蕾”（*Bouton d'or*）、“琪花瑶草”（*Prés fleuris*）、“春季花束水”（*Eau de bouquet de printemps*）等。

▲ 玛丽-安托瓦内特王后的梳妆图，19世纪海因里希·洛索（Heinrich Lossow）作。

让–弗朗索瓦·霍比格恩特：法赫基翁的竞争对手

1775年，在沙罗斯特公爵夫人（la duchesse de Charost）的赞助下，让–弗朗索瓦·霍比格恩特（Jean–François Houbigant）在巴黎福宝大道19号开设了一家名为“花篮”（*À la Corbeille de Fleurs*）的香水店，并且很快获得了成功。不久，他与曾经的师傅，福宝大街另一位调香师的女儿阿法莱德·妮可·德尚（Adélaïde Nicole Deschamps）结为夫妻。在那之后，城里的贵族阶级、资产阶级甚至是神职人员，无论男女都跑到他这里来购买香水、手套、香粉和香脂等。他的顾客中有著名的波利尼亚克侯爵（le marquis de Polignac）、庞恰特雷恩伯爵夫人（la comtesse de Pontchartrain）、格拉蒙侯爵夫人（la marquise de Grammont）和奥斯蒙特教士（l' abbé d' Osmont）。他的王牌产品“霍比格恩特水”（*Eau d'Houbigant*）完全由鲜花制成，具有清新和柔和的特性。假发专用香粉、百花香粉、手套、折扇、燃烧的香锭等也在他的经营范围内。此外，为了向沙罗斯特公爵夫人致敬，他还专门推出过一款“公爵夫人软膏”（pommade à la Duchesse）。18年后的1793年10月16日，玛丽–安托瓦内特王后因叛国罪被高等法院判处死刑，被送上了绞刑架。让–路易·法赫基翁在恐怖统治时期也一直被囚禁，直至1794年7月27日罗伯斯庇尔倒台那一天，他才得以释放，侥幸逃脱了被砍头的命运。法赫基翁于1806年在家中去世，享年58岁。之后，他的妻子和两个儿子成立了一家公司继续运营。次年10月22日，让·弗朗索瓦·霍比格恩特去世。与法赫基翁相类似的，他的儿子阿曼–古斯塔夫·霍比格恩特（Armand–Gustave Houbigant）接了班。然而两个品牌的命运大相径庭。对于法赫基翁来说，没过多久，他的儿子们就将家族企业卖给了让–巴蒂斯特·盖勒（Jean–Baptiste Gellé），虽然后者在接下来几百年的时间里凭借“天然产品”闻名于世，但也没能改变这个曾经无比辉煌的调香世家黯淡离场的命运。而霍比格恩特品牌继续在这个优雅的世界中散发着芳香，从创始人的第一批产品直到现在，他们一直坚持在香水之都格拉斯制造。

让–弗朗索瓦·霍比格恩特（1752—1807）的画像，克劳德·霍恩（Claude Hoin，1750—1817）绘。

手套制造商与香水商同业公会

从文艺复兴时期到18世纪末期，手套制造商一直垄断香水的分销，长期损害着药剂师、蒸馏师和化学家的利益。制香活动在巴黎、蒙彼利埃和格拉斯等城市如火如荼地开展，使得法国成为挑选香水的不二之地。

一份严苛而细致的工作

手套制造商与香水商的同业公会源自制革行业，在制革过程中，常常需要气味浓烈的香水来掩盖鞣制的皮革上残留的恶臭。这种同业公会有着深厚的历史渊源。1190年，法国国王菲利普・奥古斯特（Philippe Auguste）为第一家调香师和手套制造商公会颁布了法定章程；1387年，让・勒邦（Jean le Bon）确认了公会的特权及徽章；公

▲ 18世纪的手套商和香水商，由尼古拉斯・埃德蒙・雷斯蒂夫・德・拉・布雷顿（Nicolas Edme Restif de La Bretonne）绘图，皮埃尔・维达尔（Pierre Vidal）雕刻。

会总部被设立在圣婴教堂（L'église des Innocents），圣安妮（Sainte Anne）被选为主保圣人。1582年，亨利三世（Henri III）推出宪章；1614年，路易十三（Louis XIII）通过书信颁布特许，授予他们"命名、筛选有资质的手套商和调香师"的权力。

1656年，路易十四设立了永久的调香师行业，并将行业规范设置得更加完善。根据同业公会章程规定，没有经受过专业培训的人不能以调香师或制革师的身份自居，并且要向同行展示一份个人代表作。那些有抱负的学徒会"被带到皇家检察官的官邸，由检察官接待他们，并让其宣誓"。手套商和调香师的职业要求是干净整洁和细致，而不是体力，因此这个行业也变得向女性开放，而女性本身往往又是裁缝。

巴黎：奢华与优雅的象征

1725年，巴黎约有250位调香师和手套制造商，他们在巴黎从事生产，并供货给格拉斯或蒙彼利埃。从摄政时期到路易十五时期，香水行业是巴黎最赚钱的行业。19世纪，巴黎与格拉斯共同建立了富有成果的全球香水商业网络。格拉斯确保原材料的采收、贸易和加工，巴黎确保香水的生产、制造和包装。经过19世纪和20世纪的世界博览会以及1925年装饰艺术博览会的熏陶，巴黎以不断进步的姿态向调香师和女装设计师敞开着大门。

► 蓝白色鸢尾花，1608年作。

17世纪初，奢侈精致的手套。

蒙彼利埃：药剂师之城

中世纪的蒙彼利埃是一座商业城市。12世纪，当地建立起非常闻名的医学机构，商家们也在这里制作、出售香粉、香水等产品。到了13世纪，蒙彼利埃成了法国香料及芳香剂的主要入口港。那时的药剂师们进行着双重活动，他们既进口和制备治愈病人的药物，也开发、销售被视为“万灵药”（élixirs）的香水。Élixirs指“最为珍贵的药物”。多亏了当地特有的石灰质土地，1370年的“匈牙利女王水”成为蒙彼利埃的特产，销往整个欧洲。1551年起，蒙彼利埃也出现了手套制造商，并于1750年与香水行业成为一个整体。德洛克（Deloche）和法赫基翁（Fargeon）是蒙彼利埃在行业中最古老和最富有的两个家族。但是到了1750年，这座城市的香水行业开始衰退，相比较而言，格拉斯则更受到青睐。

格拉斯：制革与鲜花之城

中世纪以来，由于制革厂的分布、与意大利和欧洲的商业联系、得天独厚的气候优势以及酸橙树种植园的存在，格拉斯的香水厂迅猛发展起来。当地有相当一部分工人专门从事皮革鞣制，他们通过喷洒香水来掩盖皮革的恶臭。到了17世纪，皮革税和来自尼斯的竞争使得格拉斯的制革工业迅速衰落，取而代之的是香水工业。大量种植茉莉花、玫瑰等芳香植物使得格拉斯获得了“世界芳香之都”的美誉。从19世纪起，格拉斯开始形成全球性的商业网络，负责制香原料的种植、采集、贸易、加工，成为巴黎香水公司的造血中心。20世纪后，法国的香水行业热度有增无减，格拉斯的商人们通过原料进口，尤其是进口外来品种，积累了一大笔财富。到了21世纪，香水工业仍然是格拉斯的支柱产业，而格拉斯也在世界香水工业中扮演着至关重要的角色。

王室重视的活动

1553年，当凯瑟琳·德·美第奇（Catherine de Médicis）从意大利抵达法国时，她将调香师勒内·勒·弗洛伦丁（René le Florentin）一起带入宫廷。勒内在巴黎的兑换桥（Pont-au-Change）开设了一家精致的精品店，此举也引来法国香水师纷纷效仿。勒内·勒·弗洛伦丁早期在佛罗伦萨的学校接受培训，得益于达·伽马（Vasco de Gama）、麦哲伦和马可·波罗等人的探索与发现，她很早就接触了新的香料，因此在制香艺术上表现十分出色。

在路易十四统治时期，国王的代言人马蒂尔（Martial）同时是一位调香师兼药剂师。1699年，手套商兼调香师西蒙·巴贝（Simon Barbe）发表了著名的香水专著《皇家香水》（*Le Parfumeur royal*）。在科尔伯特（Colbert）重商主义政策的积极引领下，香精及香料被赋予了重要特权，法国该政策旨在促进法国手工业的发展，以便使法国外流的黄金货币回流。在18世纪，调香师事业的优先级彻底超过了手套制造业。1791年3月，巴黎手套制造商与调香师行业联合公会解散，大批自由企业就此发展起来。

◄ 1675—1700年间，调香师让·查伯特（Jean Chabert）的肖像画，雅克·布依（Jacques Buys）以阿德里安·凡·德·卡布勒（Adriaen van der Kabel）为模特所做。

古龙水的起源：费弥尼与法里纳

▲ 香水调香师的服装，出自1695年《奇装异服：职业和行业服装》系列。

自1695年以来，古龙水经过几个世纪的发展，已成为一种非常流行的香水。直到19世纪60年代，仍有“早上涂抹古龙水，一天都将非常美好”的说法。古龙水也是香水中最正宗的一种卫生保健产品。清爽、透明、轻盈、有益、提神，是对它一些特质的描述。

古龙水的传奇起源

古龙水诞生于卫生、医药和美容产品领域的交汇中。相传，年轻的意大利人乔瓦尼·保罗·费弥尼（Giovanni Paolo Feminis）于1695年左右发明了古龙香水配方。当时他把这种柑橘调的香水称作“神奇之水”（*Aqua mirabilis*）。之后，他把配方传给了让-安托万·法里纳（Jean-Antoine Farina），而法里纳于

1709年左右在德国科隆成为一名药剂师。

根据香邂格蕾公司（Roger&Gallet）的真实记载及一些其他渠道的消息，乔瓦尼·保罗·费弥尼是骑着骡子移居到科隆的，在那里他白手起家，发明了神奇之水。之后，他将配方传给了女婿让-安托万·法里纳，后者于1788年去世时传给了孙子让-玛丽·法里纳（Jean-Marie Farina）。

而据香邂格蕾公司另一份文件记载，在搬到科隆以前，乔瓦尼·保罗·费弥尼在伦巴第和皮埃蒙特地区之间经营杂货店。到科隆后，他做着“糖、枸橼、橙子和蜜饯”的买卖。在那里，他从一位从印度归来的英国军官给的配方中蒸馏出了“神奇之水”，还用它治愈了一位东方僧人。并且，公司的名称也佐证了费弥尼和法里纳之间的关联：“科隆金天平公司（la Balance d’ Or à Cologne）——创建者费弥尼和蒸馏者安托万·法里纳”。

▼ 古龙水，图画取自一张医学和制药传单。

凡尔赛的古龙水

路易十五的军队在七年战争结束后，将“古龙水”引入宫廷，当时古龙水属于药物而不是嗅觉类提炼物。古龙水最初的成分是葡萄酒、迷迭香、蜜蜂花、佛手柑、橙花、枸橼和柠檬。1727年，它被科隆医学院认定为保健品。激烈的竞争随之而来，各种名目的古龙水如雨后春笋般诞生。除古龙水外，又出现了威尼斯水（*Venise*）、王冠水（*Couronnée*）、美丽水（*Superbe*）、性感水（*Sensuelle*）、生机水（*Vigoureuse*）、神圣水（*Divine*）和真挚水（*Cordiale*）等产品。

古龙水是一种清新芳香的万能药，由于其酒精含量高，所以可用于治疗，也可用于梳洗。因为当时欧洲的医生仍然认为水用在皮肤上有危险，因此人们用浸有洗剂和醋的布来擦拭身体。

让-玛丽·法里纳的肖像。

拿破仑与古龙水的发现

让-玛丽·法里纳20岁时移居巴黎。1808年，因为拥有特殊专利，他成为古龙水使用大户——拿破仑一世的供应商。对于出生在科西嘉岛，从小生活在香气弥漫的丛林中的拿破仑来说，还有什么能比古龙水更令他惊讶呢？当他远离气味芬芳的科西嘉，到奥布省的布里昂军事学校（école militaire de Brienne）学习时，他曾这样写道：“在最黑暗的夜晚闭上眼睛，如果奇迹出现，我回到了科西嘉，我会立即通过独特的香味认出它……”拿破仑在意大利战役中发现了古龙水的功效。最重要的是，在远征埃及的途中，他有了擦拭古龙水的习惯。让-玛丽·法里纳的继任者香邂格蕾公司所保存的“皇帝的滚筒”或“带着瓶套的香水瓶”都能证实拿破仑经常使用这种有益健康的水来洁身沐浴。受肝病折磨，拿破仑很喜爱古龙水，因其能够强身健体，以及它那提神的淡淡香气。

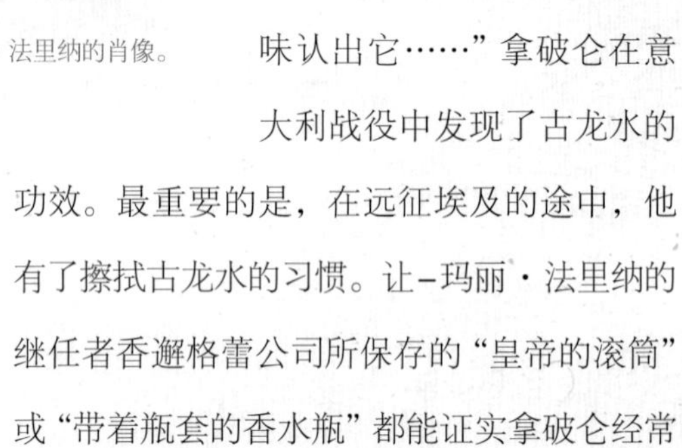

▲ 拿破仑一世及后来的沙皇亚历山大一世的旅行必需品，1807年。

一位偏爱梳洗的帝王

拿破仑一世平均一天使用一瓶古龙水，据说他在每次战斗前都会喝上几滴。在1810年，他平均每月都会使用36至40瓶古龙水！

拿破仑的第一个心腹侍从康斯坦（Constant）在他的回忆录中写道："我们要时刻准备好热水以供皇帝洗澡，因为不论昼夜，皇帝随时可能会有这个念头。"拿破仑非常喜欢泡澡，每次可能都要为此花上几个小时。后来他还专门设立了一套精细的规矩：沐浴过后，要有四名仆人和一个卫队的骑兵共同负责为他擦洗身体。此外，在晨会以前，他都会精心剃好胡子，仔细洗脸，擦手，清洁指甲，最后再命令康斯坦给他擦拭古龙水。他每天还会用黄杨木牙签和沾满牙膏的牙刷清洁牙齿。

拿破仑一生钟爱古龙水，在被流放到圣赫勒拿岛期间也对其念念不忘。他甚至不仅就地取材成功制成古龙水，还用当地的原料对配方进行了改善。

香水之旅 III

19世纪和20世纪之间的法国殖民化浪潮，促进了新的气味物质的发现和发展。因为对北非和赤道非洲、东南亚、中美洲和大洋洲许多国家和岛屿的殖民统治，法国保持了对其他国家的相对独立性。

马达加斯加

▲ 鲁道夫·恩斯特（Rudolf Ernst）的画作《调香师》（*Les Parfumeuses*），19世纪。

从1896年开始，马达加斯加完全由法国控制。当地土著长期忽视的农业生产活动逐渐成为主导活动。他们最初集中种植甘蔗和剑麻，后来逐渐拓展到热带作物。其中一些产物，如依兰、香草、丁香、肉桂、香根草、广藿香等，与格拉斯的香水市场有很大关联。1906年左右，第一批农场在马达加斯加北部桑比拉诺河沿岸开始组织建立起来。例如，作为马达加斯加殖民领头者之一的卢西恩·米洛特（Lucien Millot）创建的米洛特殖民贸易公司。与此同时，在传教士克莱门特·莱姆博特（Clément Raimbault）的领导下，诺西贝岛和诺西康巴岛上兴建了第一个半工业化的依兰种植园。与马达加斯加相同，科摩罗也在班巴殖民公司（la Société coloniale Bambao）的统治下建立了诸多香料种植园。殖民头目安托万·克里斯（Antoine Chiris）同时也是格拉斯一家香水公司的负责人。

▲ 安托万·克里斯在世界各地的机构，1931年，格拉斯。

阿尔及利亚

法国在阿尔及利亚进行殖民统治之后，来自格拉斯的香水商克里斯（Chiris）在布法里克收购了圣-玛格丽特庄园（le domaine Sainte-Marguerite），并在那里建立了一个占地3000平方米的工厂。许多同样来自“香水之都”的香水商人纷纷效仿，他们来到阿尔及利亚建厂，其中也包括有名的鲁雷-贝特朗公司（la société Roure-Bertrand）。19世纪下半叶起，这些格拉斯香水商与殖民者一起，在布法里克，以及较远的奥兰和君士坦丁地区进行种植实验。他们使许多香料植物适应了当地的环境，如天竺葵、桉树、樟脑、白百合、晚香玉、阿拉伯橡胶树以及柠檬草、玫瑰、茉莉、薰衣草、苦橙、橘树、柠檬树和柏树等。在周围的乡村地区，也可以找到木犀草、紫罗兰、香桃木、唇萼薄荷、百里香、迷迭香、雪松、阿勒颇松树和橄榄树的身影。之后，基于植物的产量，种植的种类逐渐集中在少数物种上，如天竺葵、桉树、薄荷、苦橙、芸树、橙花和百里香等。

赤道非洲

赤道地区得天独厚的土壤和气候具有巨大种植优势。在格拉斯只能收获一季的天然原料，在这里可以收获若干次。香邂格蕾、科蒂、让卡特（Jeancard）和克里斯等都在这里进行种植实验。其中，以几内亚地区最为集中，这里的香橙精油因极佳的品质享有很高名望。

亚洲

印度支那和荷属东印度群岛也是法国香水商的目的地之一。他们前来寻求大茴香（八角茴香）、安息香、蜜蜂花、柠檬草、香根草、白千层树、樟脑树、葡萄柚、依兰、广藿香、小豆蔻、麝香、安南的欧石楠以及其他的芳香植物。这些物种根据气候的不同广泛地分布在这片土地上。20世纪20年代，安托万·克里斯公司在东京开办了一家工厂，在这里提炼本土蒸馏厂生产的八角茴香香精并探寻东京麝香。东京麝香与中国的麝香极为相似，在中国的一些省份被称为“真麝香”。

▲ 依兰树的叶子、花朵和果实。

美洲和大洋洲

在20世纪，某些法国殖民地，如圭亚那、塔希提岛、瓜德罗普岛和马提尼克岛，是制香植物和药用植物生产商网络的一部分。19世纪末，法国人从圭亚那带回了大量的紫檀木；20世纪上半叶，马提尼克岛和瓜德罗普生产了大量的香草、胡椒、丁香、肉桂和肉豆蔻，同一时期的塔希提岛则专门生产香草——塔希提香草兰摩尔（Vanilla tahitensis Moore），它有着独特的淡淡烟熏味，能够使人感到温暖。

▲ 《东京麝香和天堂鸟》（*Muses tonkins et oiseaux du Paradis*），威廉·丹尼尔（William Daniell）的画作。麝香现在主要是合成的，是从中亚麝香鹿的腹部腺体中提取的。

皇室供应商：皮埃尔·弗朗索瓦·帕斯卡·娇兰

1828年，香水天才皮埃尔·弗朗索瓦·帕斯卡·娇兰（Pierre François Pascal Guerlain）为香水历史掀开了新的一页。他凭借着非凡的嗅觉和商业头脑，大胆地将他的信念转化为成功。在至今约两个世纪的时间里，他所创立的娇兰品牌不断推出震惊世人的精品香水。娇兰的成功，正如斯塔尔夫人（Madame de Staël）对现代香水的预言："现代香水，是时尚、化学和贸易的结晶。"

创业初期

皮埃尔·弗朗索瓦·帕斯卡·娇兰是一位锡匠和香料商人的儿子，1798年出生于阿布维尔（Abbeville）。19岁那年，他开始作为学徒为当时大的香水品牌工作。在当时，英国的香水产品在法国很受欢迎。于是，怀着创业的决心，皮埃尔前往英国进行化学知识学习、接受肥皂领域的培训。他一边学习一边工作，直到自己完全领会

▲ 皮埃尔·弗朗索瓦·帕斯卡·娇兰，未注明日期的画像。

香水行业的奥秘。学成以后，他回到巴黎。1828年，他在里沃利街开设了一家名为“香水–香醋，医生–化学家”（parfumeur–vinaigrier,médecin–chimiste）的商店，后来又迁至和平街。在凯旋门的脚下，皮埃尔建立了自己的工厂。他在实验室挥洒汗水和灵感，推出了珍珠水（*Eau des perles*）、维多利亚女王的花束（*Bouquet de la reine Victoria*）、顶级古龙水（*Eau de Cologne supérieure*）等知名高级香水。上乘的质量使优雅的巴黎人不论男女都被其深深吸引。

“帝王之水”创造者

在欧仁妮(Eugénie)还只是蒙蒂霍女伯爵时，娇兰就是她的常用品牌。与拿破仑三世结婚后，她开始在法国王室和全世界范围内推崇娇兰，并称之为“香水王子”。

为了表达感激，娇兰为她创建了“皇后花束”（*Bouquet of l'Impératrice*），并在1853年将定做的古龙香水献给她。这款香水就是赫赫有名的“帝王之水”（*Eau de Cologne impériale*）。

欧仁妮皇后早就厌倦了传统香水平淡无奇的香气，所以当娇兰这种以佛手柑、柠檬、迷迭香和橙花为主的全新香型出现时，一下就俘获了她的芳心。

为了向帝国致敬，这款作品被装在由半天然玻璃制成的香水瓶中，这在当时是一项真正的技术壮举。这款瓶子由维利埃·波谢（Verreries Pochet）设计并制作，全身装饰有69只浮雕蜜蜂，并带有“ Guerlain”（娇兰）字样的金色标签。蜜蜂既象征着帝国，也象征着不朽和复活，反映了拿破仑三世当时的力量与权威。

娇兰“帝王之水”，装在装饰着金色蜜蜂的标志性瓶子里。

娇兰，皇家认证品牌！

1853年5月11日，法国国务部签署了一封杜乐丽宫诫命秘书达马斯–希纳德（Damas–Hinard）的亲笔信。这封信专门表达了对皮埃尔·弗朗索瓦·帕斯卡·娇兰供奉的古龙水的赞扬，并宣称其获得了国王陛下的皇家专利认可。

随后，《时装报》（*La Mode*）、《花篮报》（*La Corbeille*）和《贵妇小报》（*Le Petit Courrier des dames*）等对此高度赞扬。

皮埃尔巧妙地以这项专利为噱头，在巴黎的门店上增加了皇家武器元素来宣传。不仅如此，他还将其打印在信笺和所有商业文件上。

皇室授予的荣誉不仅使娇兰在法国大受欢迎，也使它在外国宫廷中享有非凡的声誉。

很快地，娇兰成为巴德公爵夫人（la duchesse de Bade）和比利时女王的御用品牌，它的商业活动还扩展到维也纳、日内瓦、佛罗伦萨、莫斯科、纽约和波士顿等50多个海外城市。因此，几乎在全球任何地方都可以买到娇兰香水。娇兰的香水与化妆品，就是这样在皮埃尔的精心部署下，一点一点成长起来。

◄ 香榭丽舍大街的娇兰故居，出自1925年《法国香水与艺术》（*La parfumerie française et l'art dans la présentation*）。

香水：娇兰家族的传承

到1864年皮埃尔去世时，娇兰一直维持着家族化管理。皮埃尔的两个儿子，艾米（Aimé）和加布里埃尔（Gabriel）作为继承人，共同经营公司，研究并创造新品。他们谨记父训："创造优质产品，在质量上绝不妥协。对于其他事务，大胆构思，小心应用。"艾米1889年创造出了"姬琪"（*Jicky*），1890年成立了香水工会。

艾米还向侄子雅克（Jacques）传授香水行业的基本知识。在他的悉心培养下，1897年，雅克继承公司。雅克也将这种传承延续下来，他把自己的知识和对美的热爱传递给了孙子。1963年雅克去世，公司则由他的孙子让–保罗·娇兰（Jean–Paul Guerlain）掌舵。

胆识、品质与专利技术知识支撑起来的专业性；多种香料与古龙水混合形成的嗅觉印记；国际化的客户群体；奢华而独特的作品……娇兰家族的精神都源于创始人皮埃尔·弗朗索瓦·帕斯卡·娇兰，并在家族之间代代相传。

◀ 娇兰"姬琪"香水。

罗格朗

罗格朗（Oriza L. Legrand）创始于1720年，路易十五统治时期。1811年，路易·勒格朗先生（Louis Legrand）成为罗格朗的唯一所有者，将总部奥里扎香水店（la Parfumerie Oriza）设于巴黎圣奥诺雷街207号。罗格朗品牌优雅时尚的风格穿越世纪历久弥新，不断从技术突破中汲取灵感，将自己置于香水历史的中心。

法国王室供应商

罗格朗的创始人是法尔荣（Fargeon Ainé），他出身于蒙彼利埃一个杰出的调香师家族。他声称他所有的香水化妆品配方都来自当时红极一时的名妓尼农·德·伦克洛斯（Ninon de Lenclos）。相传，尼农拥有令凡尔赛宫所有女人都羡慕的美丽面庞，并且在1705年去世时都保持着青春的模样。法尔荣的首位客户就是路易十五，他被任命为"法国王室供应商"，从此名声大噪，罗格朗品牌的传奇也就此诞生。

当继任安东宁·雷诺德（Antonin Raynaud）和勒格朗（L. Legrand）从法尔荣手中接过公司时，他们也继承了他的智慧和技艺，并继续朝着现代化发展。工业发展，科技进步，产品更新换代的快节奏给品牌提出了更高的要求。而他们也在这些挑战中，从单纯的工匠和商人成长为赫赫有名的工业家。他们不断地用双手和鼻子传递智慧与感知，赋予了香水前所未有的奢华和性感。

▲ 1862年罗格朗"沙皇紫罗兰"（*Aux Violettes du Czar*）香水。

安东宁·雷诺（Antonin Raynaud）于1827年生于格拉斯，他的父亲是一名屠夫。年轻的他勤劳勇敢，带着对未来的憧憬来到巴黎。1857年，他以“分红合伙人”的身份与勒格朗——法尔荣的继任者共事。到1860年他便开始全面管理公司资金。直到拿破仑三世，罗格朗一直是法国王室的御用供应商，不仅如此，他们还供给其他大国的宫廷。同一年，安东宁在勒瓦卢瓦建立了一家以设备先进、技术高度现代化著称的蒸汽工厂。罗格朗的产品也因瓶身的优雅、花束的精致、门店的奢华而广受媒体关注。1890年，罗格朗门店迁至马德莱娜大街11号。

1887年，一则广告唤起了人们对香水的新发现：“罗格朗全新固化香水”。人们对于它未知的甜度与浓度充满好奇。罗格朗数次参加在法国和在其他国家举办的世界博览会，得到的最高荣誉是对其产品品质和创新性的表彰。三百年来，罗格朗香水在

▲ 1914年罗格朗香水广告插画，乔治·巴比尔（Georges Barbier）绘制。

婕珞芙

婕珞芙(Gellé Frères)是一家诞生于1826年的法国香水公司。它沿袭了玛丽-安托瓦内特王后的御用传奇调香师让-路易·法赫基翁的智慧。它的出现使得19世纪初整个香水行业得以进步，它也是最早将蒸汽用于产品，主要是制备香皂产品的公司之一。

两兄弟的故事

▲ 1893年婕珞芙广告插画，作者不详。

让-巴蒂斯特·奥古斯丁·盖勒(Jean-Baptiste Augustin Gellé)于1801年8月28日出生于法国北部的阿布维尔。他的父亲是一名制革工人(软化皮革的工人)。在从让-路易·法赫基翁的儿子那里买下法赫基翁公司之前，他从未涉足过香水行业。不过，他还是为后世留下了宝贵的商业及香水艺术遗产。

1827年，婕珞芙开始在法国拉沙佩勒小镇生产古龙水，仓库安置于节桑街(rue Jessaint)8号。1831年11月1日，让-巴蒂斯特与在手下任职的兄弟尼古拉斯·威尔博德(Nicolas Wilborde)联手，他们宣称自己是"香水批发商，深受法国和外国王子喜爱的生发剂'兄弟凝胶再生剂'(Régénérateur Gellé Frères)的发明者"。1851年，婕珞芙在法国纳伊开设了蒸汽工厂，用来生产香皂、香水和浴室刷具。蒸汽技术在当时的先进性保证了其产品的优越性，尤其是在卫生和保健方面饱受认可。比如当时的产品"阿尔比恩醋"(*Vinaigre d'Albion*)，由营养丰富的高山植物浓缩萃取而成，是强身健体、滋补元气的灵药。工厂不幸在1870年时因战争轰炸而被毁，后来在勒瓦卢瓦重建。

1855 年盖勒 – 莱卡隆

1855年5月3日，盖勒与女婿让–艾米尔·莱卡隆（Jean–Émile Lecaron）合作，将公司更名为“盖勒–莱卡隆”（Gellé–Lecaron）。让–艾米尔培养了两个出色的儿子，莫里斯·莱卡隆（Maurice Lecaron）和保罗–埃米尔·莱卡隆（Paul–Émile Lecaron）。后者于1891年掌舵，将公司移至歌剧院大街6号，并在海外设立分公司。婕珞芙香水化妆品气味香甜，令人愉悦，并在世界博览会上斩获奖牌和表彰。

1861年，让–巴蒂斯特·盖勒发表了一篇关于香水的论文《化妆品卫生与美容保护研究》（*Traité de la cosmétique au point de vue de L'hygiène et de la conservation de la beauté*）。为了造福女性，他将“物超所值，尽善尽美”视为公司准则。1895年4月，这位传奇人物在塞纳河畔纳伊逝世。

▲ 婕珞芙“原始紫罗兰”（*Violette originale*）的香水瓶和包装盒，1920年。

LT 披威

LT披威（L.T. Piver）最早成立于1774年，1813年路易斯·图桑·披威（Louis Toussaint Piver）接手以后，公司业务才得以迅速发展。超凡想象，完美品质，技术革新……LT披威是如今市场上活跃的历史最悠久的香水品牌之一。

起步，女王之香！

LT披威公司最初成立于1774年旧制度统治时期，当时它的名字是“女王之香”（*À la Reine des Fleurs*），负责向路易十六的宫廷以及外国王室提供香水、花萃水和其他有香味的物品。到1813年才由路易斯·图桑·披威开始经营。

▲ 1924年左右LT披威推出的花香折扇（Éventail Floramye），由木片和纸制成。

起初，路易斯在调香师皮埃尔–纪尧姆·迪西（Pierre–Guillaume Dissey）手下打工。常年在公司生活的他对业务十分上心，并和皮埃尔的亲戚结了婚。1813年，两人联手经商，在圣马丁街103号成立香水批发公司“迪西–披威”（Dissey–Piver）。公司发展得如此迅速，以至于1817年便在海外开设了第一家分公司。1823年，迪西去世后，圣马丁街上的小商店逐渐变成了仓库。路易斯在隔壁重新开了一家装潢精致的店铺，在他的妥善经营下，店铺迅速繁荣起来。1837年，路易斯的儿子阿方斯·霍诺雷·披威（Alphonse Honoré Piver）选择加入父亲的公司，并且在1844年正式成为公司掌门人。

阿方斯·霍诺雷·披威，香水系列的创新者

阿方斯·霍诺雷·披威是香水行业工业化的先驱，他发明了“气动”封装方法。之后，通过与尤金·米利翁（Eugène Million）合作，他还成功进行了挥发性溶剂萃取的研究。阿方斯将他们的研究成果成功应用于香水制造，通过硫化碳蒸馏分离的方法，在鸢尾根和天芥菜花中萃取出香精。这两种花香在当时是非常受欢迎的，而阿方斯的创新技术也推动了香水行业的巨大改变。然而，这种新技术也有局限，高昂的成本和爆炸的风险使得它难以大规模应用。到19世纪末期，这种方式才普及起来。除此之外，阿方斯还制作合成产品，同时创造了一系列广受欢迎的香水和美容产品。

世界市场上的LT披威

1846年，LT披威在伦敦和布鲁塞尔开设了商店。至1858年以前，他们一直是拿破仑三世的固定供应商。LT披威品牌在国际上享有盛誉，有多达120家国外分支机构。1862年在伦敦世界博览会上，他们从一众优秀的法国调香师中脱颖而出，获得博览会奖章。他们从事各种化妆产品的制造，最知名的两家工厂位于格拉斯小镇和欧贝维利耶。然而，披威的发展不仅仅只寄托于工厂的扩张，他们还十分重视技术的进步和革新。本着这个目的，管理层专门将两名化学家乔治·达森（Georges Darzens）和皮埃尔·阿明盖特（Pierre Armingeat）招致麾下。在LT披威辉煌的发展历程中，以1896年的“深红三叶草”（*Trèfle incarnat*）、1931年的“冒险”（*Parfum d'aventure*）和1939年的“俄国皮革”（*Cuir de Russie*）最为有名。

L.T. PIVER PARFUME LE MONDE
TREFLE INCARNAT · AZUREA · CUIR DE RUSSIE · MASCARADE · BACCARA · RÊVE D'OR · UN PARFUM D'AVENTURE · POMPEÏA · FLORAMYE · LE TREFLE INCARNAT

经久不衰的品牌

LT披威公司从来不缺乏想象力，他们在融合不同元素的珍贵香精的基础之上，推出整套的美容与卫生用品系列：香薰手套、蜜粉、蔬菜汁香皂和蜀葵香皂、杏仁面霜和鸢尾乳液……

如今，LT披威被认为是市场上活跃的最古老的香水品牌之一，他们继续经营着格拉斯的工作室，并不断用充满新意的配方惊艳世界。

▶ 展示三叶草的植物卡。

“三叶草”调协

“深红三叶草”的出现标志着香水进入现代纪元。它由化学家达森新发现的水杨酸戊酯制成，结合了花香香调与蕨类植物的气味，是首款用人工合成元素制成的香水。从那以后，许多古老的配方用合成元素重新编撰，一批新的香水也应运而生。它们中的一些被装进了由著名艺术家拉里克（Lalique）、巴卡拉（Baccarat）等设计的水晶瓶中。

香邂格蕾

香邂格蕾（Roger&Gallet）继承了古龙水创造者让－玛丽·法里纳的古龙水配方，并因之而闻名于世。它一经问世，便迅速在法国和英国的香水行业占据了一席之地。香邂格蕾衔接着香水的古典与现代，融合传统，大胆创新，是当今法国香水行业首屈一指的品牌。

两个家族的联合

1862年4月，连襟兄弟查尔斯·阿曼德·罗杰（Charles Armand Roger）和查尔斯·马蒂尔·加利特（Charles Martial Gallet）联手收购了巴黎莱昂斯·科拉斯公司（maison Léonce Collas），并创立了以两人姓氏命名的公司：香邂格蕾（Roger&Gallet）。

查尔斯·阿曼德·罗杰先是在巴黎做帽匠，后来去拉丁美洲做巴黎调香师经理人的生意，在智利发了大财。1844年，在与莱昂斯·科拉斯（Léonce Collas）的表姐科拉莉·科拉斯（Coralie Collas）结婚后，他重新回到巴黎定居。

查尔斯·马蒂尔·加利特原是维尔的银行家，1847年，他与科拉莉的姐姐奥克塔维·科拉斯（Octavie Collas）结为夫妻。就这样，罗杰和加利特都成了科拉斯家族的女婿。他们合作收购了妻子的表亲莱昂斯·科拉斯的企业。这家公司本是莱昂斯的父亲雅克（Jacques）1840年收购而来的，而它的前身正是1806年让－玛丽·法里纳创建的公司。

▲ 1879年，香邂格蕾推出的首款圆形紫罗兰肥皂。

两个连襟兄弟后来开始开办家族企业，他们分工明确，效率很高。他们的妻子科拉莉和奥克塔维，在公司成立的第一年间共同在店里照看零售生意。罗杰和加利特将总部转移到巴黎豪特维尔街38号，并将店址保留在圣奥诺雷街，以使其成为最雅致的销售点。1863年，他们在勒瓦卢瓦－佩雷的瓦伦丁街建起了3000平方米的“蒸汽工厂”（usine à vapeur）。

创造一款像英式香皂一样顺滑馨香的法式香皂

尽管英国香皂因其丝滑、清香、细腻的油性质地而享誉全球，但只有香邂格蕾这一法国品牌从竞争中脱颖而出，受到了维多利亚女王的青睐。他们有三大秘诀：最上乘的原料、最天然的香精（100%植物精油）、最传统的小锅生产。香邂格蕾香皂香味持久，不会随使用而消退。此外，它还因亲肤柔软而著称。1879年，香邂格蕾推出的紫罗兰香圆形香皂，被视为其代表作。1900年，薰衣草、茶玫瑰、檀香、茉莉、风信子、丁香、依兰和康乃馨等香型的香皂也在英国广受欢迎。精美的包装和标签，品牌图形的印戳、丝质纸的外包装，以及象征着不同香型的十种颜色的商品腰封，所有这些元素汇集成“法式风情”，俘获了英国人民的心。在借鉴英式沐浴艺术的基础上，香邂格蕾还在1880年推出“英式小盐罐”（petits pots de sels anglais），也称“嗅盐”（*smelling salts*）；在1904年推出香味滑石粉，后来还制造了用于生产剃须棒（*shaving sticks*）及皂条的整条生产线。

首获成功的香水

自1885年阿曼德·罗杰的女婿保罗·佩勒林（Paul Pellerin）接管公司之后，香邂格蕾就逐渐放弃了美妆护肤的产线，将关注点转移到奢侈品和香水上。首款作品“紫罗兰帕姆”（*Violette de Parme*，1880），与之后的“紫罗兰琥珀”（*Violette ambrée*，1891）和“紫罗兰”（*Vera violetta*，1893）堪称香邂格蕾最成功的作品。香水产线产品种类繁多，除香精外，还有蜜粉、香膏和香皂。1908年开始，勒内·拉里克（René Lalique）负责香水瓶身设计，为品牌创作出“那齐斯”（*Narkiss*）、“西加利亚”（*Cigalia*）等瓶型。这些色彩斑斓的镀铬玻璃瓶遵循了新艺术风格所钟爱的自然主义主题，因而广受好评。

1925年，巴黎现代工业装饰艺术博览会表彰了香邂格蕾产品的艺术品质和奢华风格。这一时期是香邂格蕾发展的黄金时期。他们广泛扩张，进军海外市场，定期开设新的产线，即便是经济危机等生产缓慢时期也依然如此。战争结束以后，由于经营不善，品牌逐渐没落。如今，他们以生产古龙水及相关业务为主。

1920年香邂格蕾推出的紫罗兰香水“那齐斯”的套盒和香水瓶，香水瓶由勒内·拉里克设计。版权归属香邂格蕾。

味丰富的产品。

新的时期，香邂格蕾不断在遥远神秘的花园中捕捉嗅觉信号，推出“卡拉布里亚香橼”（*Cédrat de Calabre*）、“孟加拉玫瑰”（*Rose du Bengale*）以及受阿尔罕布拉花园美景启发而清郁古龙水系列（Extraits de Cologne），创造性地将其标志性的古龙水元素融合于淡香水中。频频的动作彰显着这一古老的品牌保持其传统的同时，不断革新，赋予品牌新的生命。

▲ 1926年马尔古比（Marghoubi）广告牌，版权归属香邂格蕾。

弗朗索瓦·科蒂

弗朗索瓦·科蒂（François Coty）的到来彻底改变了整个香水行业。他蓬勃的野心、敏锐的嗅觉、灵活的商业头脑注定了他的卓尔不凡。他以美式白手起家的形象，为现代香水行业奠定了根基。多亏了他，香水的调性、广告、出口和营销模式才变成今天这个样子。

▲ 弗朗索瓦·科蒂，1932年8月。

化学功底做基础

没有人能预料到科西嘉人弗朗索瓦·斯波图诺（François Spoturno）会与香水结缘。斯波图诺幼年时就失去了父母，由祖母抚养长大。由于经济原因，他不得不在13岁时辍学，但这非但没有打击他的雄心壮志，反而使他变得更加积极。1900年，他只身前往巴黎，成为在军队中颇有名气的政治家伊曼纽尔·阿雷纳（Emmanuel Arène）的秘书，同时也在做时装设计师。同年，他娶了罗马雕刻大奖赛大师的女儿伊冯娜·勒·巴隆（Yvonne Le Baron）。

当时，世界博览会正在法国首都巴黎如火如荼地进行。正是因为对他的药剂师朋友，居住在埃菲尔铁塔脚下的战神广场上的雷蒙德·戈里（Raymond Goëry）的拜访，才使得斯波图诺有机会在不经意间参观了世界博览会上的香水展览。在此期间，没有接受过任何化学或香水方面培训的他，度过了一段不错的空闲时光。斯波图诺将朋友根据《药典》（*Codex*）制作的手工古龙水与当时所有的香水联系起来进行对比，发现这些香水单调、陈旧、缺乏想象力。依靠这种批判性的眼光，他即将对整个香水行业进行广泛改革。

斯波图诺下定决心决定培养自己对香水的品位和天赋，并开始学习化学。为此，他留在格拉斯学习天然原材料和合成产品，这些知识主要是从科蒂将来的主要供应商——克里斯实验室（Laboratoires Chiris）那里学习的。

科蒂（Coty）开始创业。1904年，他搬到了巴黎波艾蒂路上的一个小地方。他将前室用作销售商店，后室用作制造实验室和包装间。诚然，弗朗索瓦·科蒂既没有资本也没有经验，但他有一张王牌：创新。

初出茅庐的科蒂虽说没有任何名气，但好处是他不用刻意延续某一种风格，也不用缩手缩脚地维护声誉。他以现代主义为理念，渴望将香水行业的传统客群——上流社会或半上流社会的女性，扩展到资产阶级较低的阶层。巴黎是娱乐、艺术和文学之都，科蒂认为，香水也应投入于这种勃勃的生气中。

科蒂渴望为女性创造新的气味。1904年，气味甜美独特的“玫瑰与红蔷薇”（*La Rose Jacqueminot*）一炮而红，科蒂一举成名。

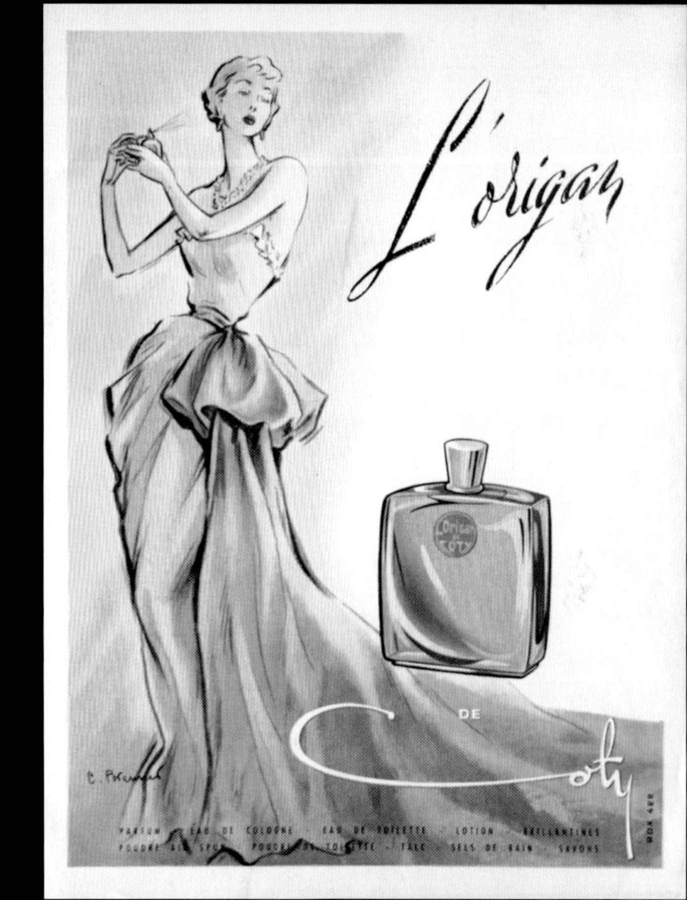

容器与香水同样重要！

科蒂坚信香水要做到“所见如所感”，所以把每一款香水设计成极其精美的艺术品，这种做法也彻底撼动了香水行业。1910年，他与勒内·拉里克合作，要求拉里克为“仙客来”（*Cyclamen*）香水制作一款长着蜻蜓翅膀的女性的水晶瓶，开创了玻璃制造商和香水制造商合作的先河。科蒂谈到，香水瓶应该在使品位和自尊得到满足的同时，也必须让人感到安心。在他的指示下，拉里克不断地为科蒂香水提供原创的香水瓶。随即掀起了一种新的风潮：使每一支香水瓶都独一无二。

在标签的设计、生产以及纸板印刷方面，他与蒙鲁日年轻的艺术印刷商德雷格（Draeger）合作。他们在真金制成的纸上进行印刷。德雷格几乎包揽了科蒂所有的香水盒。

此外，科蒂还将请让·海洛（Jean Helleu）为香水包装作画，在粉盒上饰以彩绘。 大约在1910年，科蒂香水的第一张广告海报就是由画家签名的水彩画形式呈现的。

伟大的成功

科蒂有一些享誉世界的明星产品，比如它的粉盒：1914年，仅在美国日销量就可高达三万盒。当然，科蒂的财富以粉类产品为辅，主要还是建立在香水业务上。随着营业额不断增长，他在各省广设仓库，并在旺多姆广场建立了一家非常豪华的精品店，用于陈列、零售并处理国际业务。科蒂的海外事业也蓬勃发展，他积极参加1911年在布鲁塞尔和1913年在基辅举行的国际展览。第一次世界大战也没有阻止科蒂的步伐，反而使他的成功变得更加笃定了。1915年，科蒂负伤复员，在叙雷纳建厂，并在工厂旁边的朗尚城堡（le château de Longchamp）开设了商店。作为一位才华横溢的实干家，1923年，科蒂整合手下的业务，成立了一家有限责任公司。不断攀升的营业额为他带来极为可观的利润。在当时，他是法国非常重要的实业家之一。

1922年，科蒂收购了《费加罗报》（presse du *Figaro*），使他在香水商和政界人士之外，又多了新闻老板的头衔。他的成功是巨大而瞩目的。1934年，科蒂去世，

范：奥赛伯爵（le comte d'Orsay）。1852年去世时，这位骑士留下了宝贵的嗅觉遗产。他的家人决定将其推广，并于1908年授权成立法国奥赛香水公司。

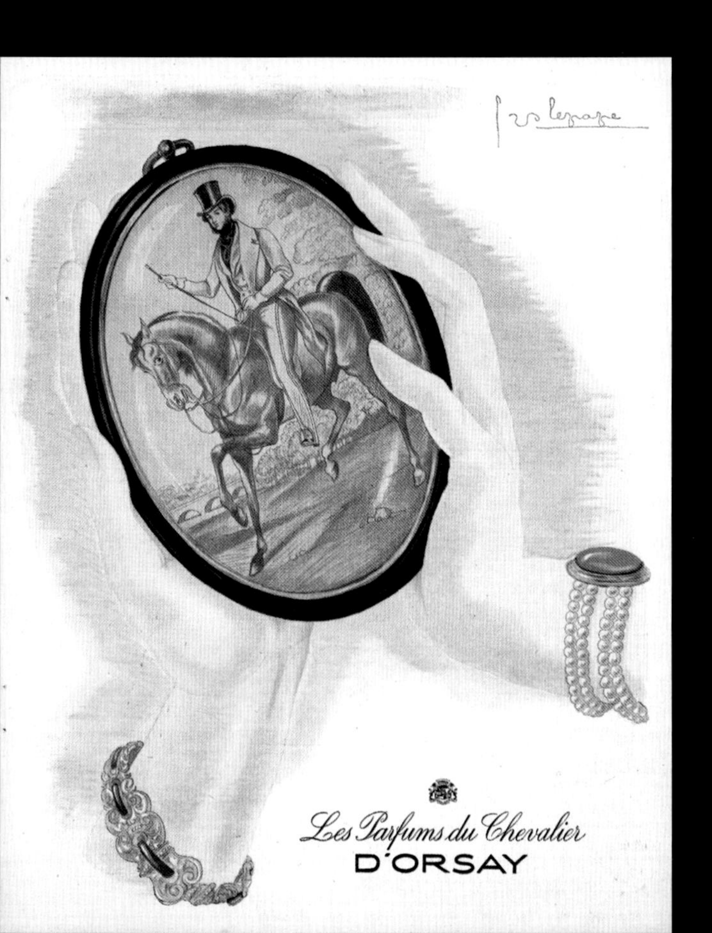

奥赛伯爵与“花花公子的天使长”

奥赛香水公司成立于1908年，最初的投资者是来自荷兰和德国的莱昂·芬克（Léon Fink）、范·迪克（Van Dijk）和伯格夫妇（les époux Berg）。公司的灵感来自奥赛伯爵加布里埃尔·阿尔弗雷德（Gabriel Alfred）随性的生活。

加布里埃尔生于1801年，父亲是将军，母亲是贵族，她的祖母克劳福德夫人（Mrs Crawford）常常在客厅里招待当世名人。潜移默化的影响下，奥赛伯爵长成一名花花公子，拥有一个有趣而潇洒的灵魂。

他魅力非凡，很快就征服了伦敦和巴黎上流社会的交际圈。作为画家古斯塔夫·多雷（Gustave Doré）的朋友，他在戈尔故居

1830年，奥赛伯爵为了表达对楚楚动人的布莱辛顿夫人（lady Blessington）的爱慕，他创造出自己的第一款香水。这款香水被拉马丁(Lamartine)誉为“花花公子的天使长”（l’ archange du dandysme），散发着橙花和紫檀木的清新香气，它没有被命名，瓶身仅有一根简单的蓝色标签加以装饰。这款无名香水，揭开了一个伟大故事的序幕。

成功之路

随着香水产业迈向现代化，奥赛香水与霍比格恩特、科蒂和娇兰等品牌一道，都取得了长足的发展。奥赛香水也偏爱拉里克、巴卡拉或道姆（Daum）设计的香水瓶。

从1908年到1914年，奥赛推出了许多气味甜美装饰典雅的作品，如1912年的“奥赛古龙水”（*Eau de Cologne d’Orsay*）、“奥兹骑士”（*Chevalier d’Orsay*）、“椴树”（*Tilleul*），1912年的“玫瑰骑士”（*Le Chevalier à la Rose*）以及之后的“他们的灵魂”（*Leurs Âmes*）、“奥赛玫瑰”（*La Rose d’Orsay*）等。1916年，这个名贵的品牌被一家金融集团收购。尽管在其整个的发展历史上，公司数次易主，甚至在1983年至1995年间一度处于休眠状态，但由于奥赛伯爵在香水界的名声，奥赛香水依然在全球范围内享有盛誉。

奥赛新生

2007年，胡特家族（la famille Huet）接管了奥赛香水。他们的目标是不仅要在美国和品牌故乡法国，还要在更广泛的国际舞台上实现品牌的复兴。之后，奥赛香水开始在小众香水市场出现。奥赛有四款香水产品作为这一百年品牌的DNA被传承下来：“蓝色礼节”（*Étiquette Bleue*，1830）、“奥兹骑士”（1911）、“芳香3”（*Arôme 3*，1943）和“椴树”（距今已有一个多世纪）。这些香水在古老配方基础上重新配置，新加入鸢尾花、零陵香豆、没药等优质原料，与时俱进，使其重获新生。

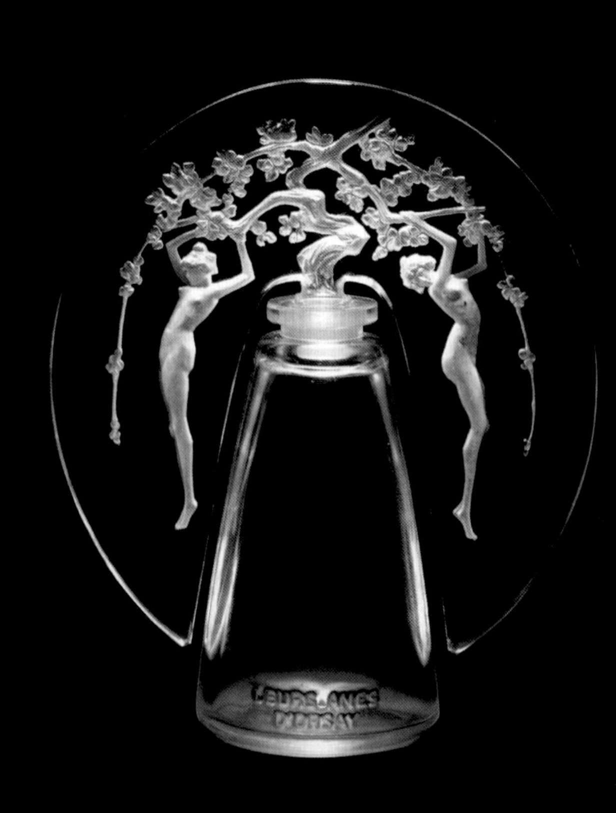

▲ 1913年奥赛香水推出的“他们的灵魂”，瓶身由勒内·拉里克设计。

兰蔻

兰蔻（Lancôme）的光环背后隐藏着一位女性——兰蔻公爵夫人（la duchesse de Lancosme）的身影。她是科蒂的忠实顾客，没有后裔。也许这个名字带来了好运气，兰蔻品牌一经创立就获得了成功：精致的香味、极具美感的礼盒、设计现代的香水瓶，为它带来了广泛而持久的国际美誉。

兰蔻创始人：昔日科蒂总经理

兰蔻创始人阿曼达·珀蒂让（Armand Petitjean）生于一个蒸馏家庭，他曾在科蒂任总经理一职。1935年，在商人奥尔纳诺兄弟（frères d'Ornano）、化学家皮埃尔·韦隆（Pierre Vélon）、律师爱德华·布雷肯里奇（Édouard Breckenridge）及设计师乔治·德尔霍姆（Georges Delhomme）的支持下，他创立了兰蔻。乔治·德尔霍姆原本也在科蒂工作，是科蒂的画师和设计师，在1930年至1934年间负责香水瓶和香水盒的设计。

阿曼达·珀蒂让希望能够与在法国化妆品市场中大放异彩的美国品牌竞争。1942年，他在兰蔻学院开设的课程中说：

"两家美国公司不仅控制了美国市场，还垄断了世界市场。我认为法国品牌必须参与竞争，与美国品牌平起平坐。"1935年，他在布鲁塞尔国际展销会上同时推出"游历"(*Tropiques*)、"征服"(*Conquête*)、"凯普雷"(*Kypre*)、"温柔的夜晚"(*Tendres Nuits*)和"博卡热"(*Bocages*)五款香水。这次发布使兰蔻名噪一时，赢得广泛的赞誉和认同。同年，兰蔻借势又推出了两款古龙水、一款蜜粉和一款口红。1936年，为了提供新的护理选择，兰蔻开发出蜜妍面霜(la crème *Nutrix*)。1938年又发布了一款名为"法国玫瑰"(*La rose de France*)的明星口红产品。

兰蔻成立短短四年间，共推出了九款香水，除前面提到的几款外，还有"箭头"(*Flèches*)、"栀子花"(*Gardénia*)和装在方形瓶中的"皮革玫瑰"(*Révolte*)。品牌在国内外都取得了迅猛的发展。1950年的魔法系列(*Magic*)及1952年珍爱系列(*Trésor*)，使兰蔻的国际声望达到新的高度。

欧莱雅集团的收购

1964年，兰蔻被欧莱雅集团(groupe L' Oréal)收购，成为该集团的门面担当之一。1969年，Ô系列问世。1990年，被称为"珍贵时刻的香气"的新的珍爱系列(nouveau *Trésor*)诞生。它由模特伊莎贝拉·罗西里尼(Isabella Rossellini)代言，在国际上获得迅速成功。21世纪，兰蔻依然动作频频。2000年推出奇迹系列(*Miracle*)，2005年和2007年先后推出女式"魅惑"(*Hypnôse*)和"魅惑男士"(*Hypnôse Homme*)香水。在欧莱雅集团的领导下，兰蔻焕然一新，并逐渐回归到高端香水市场中的主导地位。

合成香水的问世

香水发展历史中，1830年至1889年期间的显著特征是合成元素的出现与应用。这项创新起初少有人问津，但在行业中不断发展变得举足轻重，也为香水商带来新的财富。从消费者的角度来看，合成元素的应用几乎无法被察觉，而关于它们的消极抵触情绪也有所出现。

有机香水与现代化学

19世纪初，香水研究者开始对香精产生兴趣，他们的研究主要从分离、鉴定和合成三个方面展开。

1833年，让-巴蒂斯特·杜马斯（Jean-Baptiste Dumas）和欧仁·佩利格（Eugène Péligot）从肉桂油中分离了肉桂醛。1837年，尤斯图斯·冯·李比希（Jastus Von Liebig）和弗里德里希·维勒（Friedrich Wöhler）发表了有关苦杏仁油的一项重大研究，声明在其中提炼出了苯甲醛。1840年，泰奥菲勒·佩洛兹（Théophile Pelouze）从松树的精华中分离出冰片。1842年，奥古斯特·卡沃斯（Auguste Cahours）在茴香精油中发现了它的主要化学成分茴香脑，并在1844年发现了冬青。

查尔斯·葛哈德（Charles Gerhardt）在1853年发表的《有机化学条约》（*Le Traité de chimie organique*）成为香水行业的参考资料。有机化学正在成为一门专注于改变有机物质的科学，换句话说，它致力于不同物质的融合。

▲ 发现香豆素分子的英国化学家威廉·亨利·珀金爵士（sir William Henry Perkin，1838—1907）的肖像，阿瑟·斯托克达尔·柯普爵士（sir Arthur Stockdale Cope）绘制。

古今之争

19世纪下半叶，化学家们致力于学习和掌握复杂分子的各种功能，并对它们进行合成复制。这种研究不仅仅局限于学校，还从大学向相关产业的研究室拓展。然而，早期的合成香水大多都受到了当时的香水制造商和整个社会的蔑视和谴责。人们担心这些人工成分会对健康造成不良影响，如导致行为障碍或女性无法生育。香水商之中也存在这种信任缺失的现象，他们称合成香为香水行业"大众化"的阴谋。出于对美的追求，许多香水制造商拒绝在香水中添加非天然成分，它们代表着这个行业中的保守主义趋势。当然，人工香精对于普通的大众阶层是可以接受的。合成原料成本低廉，也有助于扩大市场。凭借这些优势，它不可避免地发展起来。

▲ 1900年霍比格恩特"理想"。

初获成功的合成香水

1898年，LT披威推出添加人工合成元素的香水"三叶草"（*Trèfle incarnat*），标志着香水进入现代化。"三叶草"使用了化学家达森刚刚发现的水杨酸戊酯，模仿了花与蕨类植物的混合香气，创造出"三叶草"调协。

从那以后，调香师们开始"旧瓶装新酒"，用合成香调给旧配方新的生命。例如，英国调香师阿特金森（Atkinsons）创作的"元帅花束"（*Le Bouquet à la maréchale*）在第一次世界大战之前取得了巨大的成功。虽然最初完全由天然产品制成，但1915年阿特金森在其配方中加入了香草醛和香豆素。1900年，保罗·帕奎特（Paul Parquet）创作了"理想"（*L'Idéal*），通过提供理想比例的合成产品体现了当时的现代性。1904年，在"玫瑰与红蔷薇"取得巨大成功后不久，弗朗索瓦·科蒂

▲ 1912年娇兰"蓝调时光"。

就开始满怀激情地展开对人工合成香调的研究。他和雅克·娇兰独具慧眼，是第一批认识到这些合成原料令人难以置信的价值的人。1905年，弗朗索瓦·科蒂于用特殊的甲基紫罗兰酮、康乃馨提取物和天然橙花香脂合成了牛至香精，开创了一个非常重要的子家族：辛辣花香琥珀，现在被称为“花香香调”。

娇兰则推出“阵雨过后”（*Après l'ondée*），其山楂的味道是由醛包裹着橙皮和适当的人工合成晶体而得到的。1912年，由天然和合成产品制成的三款香水取得了巨大成功——娇兰的“蓝调时光”（*L'Heure Bleue*），卡朗（Caron）的“黑水仙”（*Narcisse Noir*）和霍比格恩特的“皇族之花”（*Quelques fleurs*）。这些创作随后为其他嗅觉灵感开辟了道路，这些灵感从经典的花卉设计中脱颖而出。

二十年定律

从有机化学元素的发现，到其成为香水中的合成成分，往往需要二十年时间。例如，人们在1860年发现水杨酸，这是珀金开发香豆素的基础，而首款包含香豆素成分的香水是1884年霍比格恩特推出的“皇家馥奇”（*Fougère Royale*）。类似的，1869年化学家菲蒂希（Fittig）和米尔克（Mielk）发现胡椒醛，促使19世纪初东方龙涎香型的香水飞速发展。又如，1876年，又一个重大发现问世，化学家瑞穆尔（Reimer）在愈疮木酚的基础上合成了香兰素。1889年，娇兰大胆尝试，将其与香豆素结合，推出了闻名全球的香水——“姬琪”。1893年，蒂曼（Tiemann）和克鲁格（Krüger）在柠檬精油中提取柠檬醛，再经过加工合成紫罗兰酮。同年香邂格蕾就与莱尔公司（société de Laire）签署了协议，通过规定最低年采购量的方式获得了紫罗兰酮的独家使用权。1891年，玫瑰醇被发现，于1904年被弗朗索瓦·科蒂用在了“玫瑰与红蔷薇”香水中。

▲ 科西嘉岛的实业家、现代香水工厂的创建者——弗朗索瓦·科蒂。

深窥香水行业

19世纪的世界博览会与国际展览会确立了法国香水业的世界领先地位。它们在世界范围内广受赞誉，也吸引外国调香师纷纷效仿。1900年巴黎世界博览会更标志着一个重要里程碑：法国独揽10项大奖（共17项），获得16枚金牌（共27枚）和19枚银牌（共35枚）。

▶ 20世纪初，位于巴黎的特雷米尔家族（Tremiere et fils）的香水门店。

家族制下的香水商

尽管香水商的社会经济背景不尽相同，但他们是巴黎的名片。他们或许是旧制度下建立的家族企业的继承人，如同霍比格恩特家族或是克里斯家族一样。对于他们来说，策略的重点就在于产品开发的机密和家族权利的继承。克里斯家族的运作机制像极了封建王朝，他们把公司的运营权由父亲传给长子。这些出身格拉斯的香水商是地方上的名门贵族，往往争取在公共事务中扮演重要角色。这种常见的策略也保证了香水行业的光明前途。对于如披威等其他香水公司来说，老板可能是从雇员开始一点一点做起来的。

和平街15号：香水的地址

1841年，娇兰香水精品零售店在和平街15号落成。这家店铺富丽堂皇，内部装潢典雅而诱人。它配有高档家具，黑檀木或桃花心木制成的展示柜，流苏窗帘，款式复杂而大气的煤气吊灯。穿着优雅的售货员在柜台后向顾客致意。在这里，销售和资讯仿佛是一种特权。

行业崛起

随着行业发展，富有匠人精神的先驱者被精明的商人所取代。由于丰厚的利润，投资者们1860年起就对香水行业产生了浓厚的兴趣。这些金主大多来自时装行业等与香水相关的其他行业，这些人吸引并刺激了同一客户群的不同需求。譬如1830年收购勒格朗肥皂厂（la savonnerie Legrand）的爱德华·皮诺（Édouard Pinaud）；还有一些投资者是贸易商，比如埃德蒙·罗杰（Edmond Roger）和查尔斯·格雷(Charles Gallet)两兄弟，他们原本是批发商人，1862年重整家族业务，创建了香邂格蕾。1860年，进入香水行业如同一股“淘金潮”，惊人的利润使进入香水行业成为一种名副其实的工业冒险。因此，企业精神以及商业腾飞的梦想，成为第二帝国时期香水行业的特征。

▲ 1900年，巴黎万国博览会中战神广场上的香水店，取自《全景图》（*Le Panorama*）插图。

销售沙龙的重要性

在巴黎，装潢优雅的商店竞相敞开大门，吸引顾客，销售着工业化生产以来日渐增多的产品。香水商店就如同一个个沙龙，在典雅、奢侈的环境中欢迎顾客，越来越成为令人心驰神往的目的地。1860年起，商店外墙开始启用醒目的颜色来装饰，橱窗也逐渐变成创意大师们宣泄灵感的竞技场。店铺外最显眼的地方，悬挂着大写的创始人的名字和商标。可以说，第二帝国时期巴黎的优雅和妩媚，在商业街人行道上就可以一览无余。

▲ 巴黎和平街8号的香邂格蕾，1914年平版画。

遍布全国的销售网络

为了确保商品贸易有序进行，法国香水公司很早以前就在全国各地建立起了完善的销售网络。一些代表机构或贸易商会用现金购买产品后将其转售；还有一些公司直接在地方设立分支机构，他们会将商品名册递交到当地联络人及大客户手中。这些印刷精美而豪华的目录册也成了香水商展示的门面。世界博览会上的奖牌在这里展出，先进的蒸汽工厂和华丽的商店也被呈现得栩栩如生。1880年左右，销售网络进一步扩大。通过百货公司“新品”柜台，展示包括香邂格蕾、皮诺(Pinaud)等品牌在内的上市香水。这种销售方式给那些不敢涉足精品店的顾客提供了一次机会，香水商也因此得以接触到一些平凡的顾客。客户的身份往往和购买方式是对等的。品位高级、兴趣广泛、优雅考究的富人或贵族，对奢侈品牌情有独钟。如娇兰家族，自称为“香水贵族”，十分受这类顾客欢迎。中产阶级则更倾向于选择香邂格蕾、皮诺或是披威，小资产阶级经常惠顾婕珞芙或妙巴黎(Bourjois)，而工人阶级只能去巴黎大街兴盛的香水市场上购买卫生用品。

国内市场的成功与国际市场的征服

虽然外国竞争始终存在，但到20世纪60年代以前，它们几乎无关痛痒。在明智有效的贸易政策的影响下，1850年法国的出口业绩是最辉煌的。所有品牌都争相获得王室青睐，这种独一无二的认可是帮助他们打开海外王室市场的一把钥匙。也是在这个时期，香水公司开始在海外地区设立分公司。19世纪末期开始，娇兰产品出口整个欧洲，甚至远销美国。它的产品目录中提到一项出口产品策略："制造出的产品适合每一种气候。"在此之后，香水商在欧洲甚至更远的地方设立分公司。而那些小的手工香水作坊，因为无法适应行业内的激烈竞争，渐渐地淡出了舞台。

▶ 20世纪50年代娇兰为香水——"柳儿"所做的海报。

大型集团和洗涤业巨头加入

二十世纪七八十年代，香水行业欣欣向荣，一日千里，吸引了大型跨国集团和洗涤业巨头的强势介入。受此影响，香水业的职业结构迅速缩紧。这些大型跨国公司为了满足自身多元化发展的需求，进行疯狂投资，以便迅速在香水市场中占据一席之地。结果，香水作为特殊消费品的国际地位越来越高，销量也节节攀升。之后，矛盾也随之而来：香水本该是稀缺而珍贵的，但生产的扩张使得商品供给达到饱和。为了解决这个问题，香水商把注意力转移到国际化的前景，并将香水与不同的文化相融合。20世纪80年代期间，没有国际知名度的香水根本不会有任何市场，香水一跃成为世界第三大出口产品。法国香水因历史威望仍然是世界第一，选择性分销成为帮助它推广的决定性因素。值得注意的是，这一时段的国际竞争变得越发激烈，美国和日本集团在世界香水市场中同样占有很大份额。

市场营销学的出现

市场营销，也称市场科学，出现在20世纪70年代。它是涵盖实操技术和理论研究的一套完整的体系，使定义、构思、创造和更新产品成为可能。其目标是满足消费者需求，使产品适应生产和商业环境。首款基于“营销”推出的香水产品，也成为“社会风格”香水，是1973年由美国品牌露华浓（Revlon）推出的“查理”（*Charlie*）。营销策略的介入使香水的商业属性越发明显，满足了每天使用香水但是缺乏主见的消费者的需求。虽然香水已经失去了作为社会地位标志的作用，但它仍然充满诱惑。消费者期待着质量和稀缺性，渴望真实的故事和真实的情感共鸣。然而，过度发展的香水行业使品牌与产品以前所未有的速度诞生和消亡：自2000年以来，每年大约有450种香水问世。对整个行业来说，经济利益越来越重要，供给超过需求，香水市场在全球范围内扩张，冒着无人问津的风险并抱着取悦所有人的期待。

▲　2012年，东京Lady Gaga香水店。

小众香水或“非传统香水”

小众香水，也称“非传统香水”，最早出现在20世纪80年代末期。它们存在于传统香水产业的边缘，规模相对较小，依靠人工实验提供一些不同寻常的香味。无论是独立品牌还是隶属于大型集团，他们秉持着一种共同心态：抵制喧嚣的市场营销，回归香水的纯粹。他们认为，产品的质量和服务才是至关重要的。香水要具有强烈的个性，带来一种真正的嗅觉差异。究其原因，很大部分是因为他们把所有的预算都花在了优质原料上。当然，保密配方也是小众香水成功的关键。生物学上，“niche”意为“巢穴”，指人迹罕至、未受污染的鸟类栖息地。

香水精品店的店铺装潢也别出心裁，在这里，顾客会受到细心、训练有素的工作人员的接待。1992年，芦丹氏在巴黎皇家宫殿花园开设旗舰店，它们将这里比喻为“象征与梦想”。巴黎的时尚与日本的精致就在这里得到完美共生。小众香水是创新的产物，往往能够引领新的消费趋势。凭借着独具创意的专业知识以及独一无二的特质，它们代表着香水的奢华，能够在产生利润的同时创造价值。总而言之，小众香于香水行业的本源中求索，创造出许多高级香水。这些香水系列收藏是历史和意义的载体。

▲ 芦丹氏巴黎皇家宫殿的香水沙龙。

工业化生产：成千上万地复制产品

不断涌现的新元素使香水行业更加丰富，技术的改进与革新也使其趋于完美。不同公司的处世之道与专利技术的交流，可以更好地满足大众需求，促进梦想实现。在香水商的推动下，香水从单纯的卫生用品蜕变为精美的礼物。工业化的大批量生产推动着它迈出走向奢侈品的第一步。

法国香水至高无上

19世纪的调香师继承了旧制度时期前辈们的精神及技能，受时代特殊性的影响，他们逐渐从手工业商人转变成工业主义者。在他们的推动下，优雅的工艺和精密设备实现了紧密结合，奢侈香水就诞生于这种复杂的工业机械中。在世界博览会和国际展览中，法国香水公司赢得了至高无上的国际地位。以1900年巴黎举行的世界博览会为转折点，不再有人怀疑法国香水的优势。当时的一些工业统计数据表明，香水行业呈现出惊人的增长态势。因此对于企业来说，这是一个独具吸引力的投资领域。

◀ 1849年成立的莫利纳尔·热纳（l' usine à vapeur de Molinard Jeune）蒸汽厂的广告牌。

充满变革的过渡时期

在香水的发展历程中，1890年至第一次世界大战爆发前的这段时期是一个过渡阶段。植物学、生理学、通用化学和应用力学领域的知识被融会贯通起来：蒸汽机的引入及机械化的生产、蒸馏工艺的改进、挥发性溶剂的萃取、固体香料的改进、有机化学的介入、“模型”工厂的建立以及相继落成的香水业工业研究实验室等，所有创新都在撼动着香水行业。

1889年，世界博览会报告员路易-德西雷·洛特（Louis-Désiré L'Hôte）曾这样宣布道：“受物理、化学、机械等所有行业进步的影响，香水制造已经成为一个名副其实的行业。许多工业家仿效化学制造商，将年轻的化学家带入工厂，化学家将在香水行业中扮演非常重要的角色。”

1889年以后，人工合成元素制成的香水数量明显增加。高盈利的产品已经被申请专利。那些进入公共领域的产品则面临着激烈的竞争，售价也不断下降，譬如，对于香兰素、向日葵素、香豆素和茴香醛来说就是这种情况。

▲ 绘有LT披威香水厂——欧贝维利耶工厂及其研究室的明信片，1910年左右。

当香水变成工业品

随着工业发展，合成香水渐渐跳脱出实验室的范畴进入生产领域。在各大品牌发布的目录中，除了纯香水产品外，还提供一些丰富的合成产品，譬如由多种常见的气味混合制作的香水，附以独特的名字或与之相关的原料名。在第一次世界大战前，研究人员和工程师大大改良了香水工艺。然而，调香师却不愿意接受合成香水。在他们看来，合成产品对健康有害，并且是对香水艺术的背叛。在有些人眼中，它是缺乏品位的体现。但是，一战过后，调香师们对合成香水的态度温和下来，合成香水本身有着非常广阔的前景，因为它们性质稳定，气味性强，生产效率高，并且繁多的香型带来更多有趣的可能性。这些所谓的“人造”香气也构成了一种新的香水艺术，它们逐渐获得广泛认可，进入大众视野。

▲ “现代香水”中的“定妆液”（Fixateurs），摘自1921年《科学与职业辩护杂志》（*Revue scientifique et de la défense professionnelle*）。

► 1917年，弗朗索瓦·科蒂的“西普”。

革命的引导者：科蒂

弗朗索瓦·科蒂颠覆了传统的创作和设计规则，让香水在更大范围内实现了工业化。他的直觉和战略举措使香水进入一个新时代。他的理念是，不仅要使资产阶级成为忠实的客户，更要把这一群体扩大到中产阶级等更平民的圈子。这在当时是颇有远见的。科蒂还希望女性能拥有高品质的天然香氛。他创新性地将珍贵的天然材料和大量合成产品完美、平衡地混合在一起，增强了香水的力量感和清新度。因此，在传统香水的基础上，诞生了以花香、龙涎香（东方香调）和西普香为主要元素的新香水。

战后机器化发展

第一次世界大战后，现代香水业在一系列的创意和风格中崭露头角，置身于艺术与工业之间。现代化的工厂在保留原有结构的同时不断扩展和丰富自己。机械化生产满足了日益增长的市场需求，并且能够保证1919年出台的“工人八小时工作制度”的实施。法国工业必须能够在允许与外国制造商竞争的条件下生产，这样才能与外国制造商相抗衡。在推广普遍机械化生产和流水作业的同时，成本也显而易见地提高了，这种情况下，提高香水产品的产量是必然的。香水商通过人工实现机器化的最佳使用，优先培养人工劳动力，以达到最高质量。

▲ 格拉斯的前罗伯特工厂（ancienne usine Robertet）的蒸馏罐，摘自1925年《香水与肥皂品牌杂志》（*La revue des marques de la parfumerie et de la savonnerie*）中的“法国香水及其艺术展示”。

手工和机械技术的结合

格拉斯的香水公司实现了手工操作（如采摘、分拣花朵等）和机械化操作（如制备香脂等）并行。按照这种工业生产方式，香水制造商能够通过混合几种味道相近的天然香料，生产出高质量的香精。相较于传统香精，这种精油的味道更加浓烈持久。手工与机械融合这项创新的举动，催生出很多人工无法生产的新产品。为了满足完美的要求，1927年，弗朗索瓦·科蒂在叙雷纳的香水城开发了一个巨大的工业园区，拥有包含行政服务、水晶车间、雕刻、印刷、金属罐制造、口红盒与粉盒填充、香水产品制造……以及邮寄包装和运输服务等在内的一条龙工业线。其卡车运输服务保障了商品在法国的流通。在20世纪20年代，花卉被广泛用于工业生产。因为鲜花不易储存等局限性，生产纯天然香精的成本巨大。而这也凸显了合成产品的另一大好处，就是它的成本较为低廉。

人造香水兴起

在1925年巴黎的装饰艺术及现代工业博览会上，人造香水的优点得到肯定。从那以后，香水的“香”不只来自花园，还来自实验室。调香师的技艺是将天然材料和合成产品巧妙地进行混合，创造出让品牌脱颖而出的香水基调。这一点上，娇兰的“轻舞”（*Guerlinade*）是一个成功的典范。科蒂香水也竭尽所能地使自己在众多品牌中被区分出来。现在，通过开发“基调”——每个调香师的元素版中构成“预合成”元素的基本嗅觉结构——每个香水品牌都可以形成自己特定的风格。调香师的艺术，也不仅仅局限于自己的天赋与个性，还来自他们通过培训所掌握的化学知识。

▲ 现代装饰艺术及现代工业博览会的香水展区，摘自1925年《香水与肥皂品牌杂志》中的“法国香水及其艺术展示”。

► 1922年，娇兰“轻舞”，外瓶为巴卡拉制造。

两次世界大战之间的创造爆发期

得益于合成产品，花香味的香水气味更持久，如1935年巴杜（Patou）推出的“喜悦”（*Joy*），该香水是用保加利亚玫瑰和格拉斯茉莉的珍贵香精制成的。科蒂的“翡翠”（1921）、娇兰的“一千零一夜”（*Shalimar*，1925）、香奈儿（Chanel）的“岛屿森林”（*Bois des Îles*，1928）和丹娜（Dana）的“禁忌”（*Tabu*，1931）则代表着树脂琥珀、花香、木质香以及甜琥珀等东方香调。西普香水也备受追捧，它们有花香、果香和皮革香可供选择，如科蒂的“西普”（1917）、娇兰的“蝴蝶夫人”（1919）和米罗（Millot）的“中国纱”（*Crêpe de Chine*，1925）等。20世纪30年代，以卡朗的“金色烟草”（*Tabac Blond*，1919）、香奈儿的“俄罗斯皮革”（*Cuir de Russie*，1927）、浪凡（Lanvin）的“绯闻”（*Scandal*，1932）和妙巴黎的“科巴科”（*Kobako*，1936）等经典产品为代表，女性皮革香盛行。由此，香水原料的组合形式越来越丰富，经典产品也不断涌现。第二次世界大战后，香水业的鼎盛时期尚未结束，并且由于工艺发明和产品创新，香水业经历了更多发展和变化。香水逐渐大范围传播，入侵了整个社会领域。香水从贵族专属变成了大众产品，其产量也呈指数增长，成为工业产品巨头。

▲ 1931—1934年，在格拉斯的鲁尔-贝特朗公司（Roure-Bertrand fils）和贾斯汀·杜邦公司（Justin Dupont）进行的花香萃取工作。

广告的介入

◀ 朱尔斯·谢雷特（Jules Chéret）为尤金·里梅尔（Eugène Rimmel）1870年出版的《香水》（*Livre des parfums*）一书所绘制的配图。

现代香水业的腾飞与广告业的兴起息息相关。广告中的海报和标语必须在人们的脑海中留下印记，在这方面，一些知名的香水广告堪称经典，比如1937年危机白热化时期“喜悦”香水的标语——“全世界最昂贵的”（le plus cher au monde），加布里埃·香奈儿为香奈儿5号亲身代言，娇兰的“你是她的类型吗？”（Are you her type？），其广告也十分新颖，金发、红发、褐发……各种风格的风姿绰约的女子在海报中亮相。首次广告热潮就是在这种背景下开启的。

早期田园风格的广告

19世纪末的广告领域延续了18世纪的田园风格，这种风格象征着一种确定的价值观、一种理想的女性魅力以及一种令人神往的生活艺术。香水商们充分利用着这种崇高而高贵的传统，诱惑人们回忆起国王时期香水的伟大时代。田园风格的广告中，女人们往往穿戴饰带，传统的服饰给人一种清新的感觉。她们天真地玩着“爱情与偶然”的游戏。广告用色往往十分柔和，设计如同洛可可风格的画作。在布景上，则以乡村为主，画作上的女人们或游戏或舞蹈，就像玛丽-安托瓦内特王后时期那样。欣赏这样的广告，你会觉得自己就像在观看华多（Watteau）或布歇（Boucher）的画布，见证着快乐时光的流逝，而又因香水被重新带回那样的时光。香水变成了幸福与精致的代名词。几款香水在20世纪20年代初期就使用了这种广告主题，如妙巴黎的“曼侬·莱斯科”（*Manon Lescaut*）、里戈（Rigaud）的“路易十五香水店”（*Parfumerie Louis XV*）和香邂格蕾的“皇家礼物”（*Souvenir de la Cour*，1908）。就这样，香水商们探寻着风格鲜明、识别度高的广告模式。渐渐地，这种古老的古典主义倾向被新艺术运动的梦幻般的模式所取代，因为后者更加性感而肉欲，带来了更加强烈的感官刺激。

朱尔斯·谢雷特，美好年代的著名海报艺术家

作为现代海报的创作者，朱尔斯·谢雷特（Jules Chéret）被认为是广告领域的先驱。对光刻法有所掌握的他，曾在巴黎卢浮宫和巴黎高等美术学院上过夜校。1854年，他第一次去伦敦旅行，在那里他接触到了威廉·特纳（William Turner）和约翰·康斯太勃尔（John Constable）的风景画。1858年，他为奥芬巴赫（Offenbach）的歌剧《地狱中的奥菲欧》（*Orphée aux enfers*）制作海报并大受好评。1859至1866年间，他在伦敦常住，为调香师尤金·里梅尔（Eugène Rimmel）的著作《香水》设计插画，并担任标签及花卉装饰的设计师。朱尔斯喜欢设计彩色海报来推广各种活动，宣传品牌。轻快绚烂的颜色及动感张扬的线条传递着愉快的心情，鲜明的风格使那些开朗阳光的动人模特被授予“谢雷特女郎”的称号。合约纷至沓来，香邂格蕾便在其中。1889年，谢雷特的作品在巴黎世界博览会上获得了金牌。他的作品还影响了亨利·德·图卢兹-洛特列克（Henri de Toulouse-Lautrec）和皮埃尔·波纳尔（Pierre Bonnard）等著名画家。

穆夏和他的金发“花女郎”

阿尔丰斯·穆夏（Alfons Mucha）1860年出生于捷克，是新艺术风格的画家和海报设计师，主要为自行车、香烟、香水等新工业产品设计海报。他的作品总是以女性角色为中心，通过神秘、梦幻、充满幻想的风格和形式表现出来。受到新兴巴黎神话的影响，他出众的才华使他成为“广告教父”。

▲ 伊丽莎白·索纳尔（Elisabeth Sonrel，1874—1953）为香邂格蕾制作的海报，版权归属香邂格蕾。

1896年，穆夏为香水商罗多（Rodo）的兰斯香水（lance–parfum）设计海报，该海报后来由印刷商费迪南·尚普努瓦（Ferdinand Champenois）发布出来，轰动一时。1900年，霍比格恩特请他设计巴黎世界博览会的展席及其装饰。几年后，穆夏风格的装饰广告在各大香水品牌中普及。1910年左右，香邂格蕾的一则海报更是完全模仿了其风格。在新艺术运动的影响下，金发碧眼、笑颜如花、身材纤细、笑容迷人的"花女"成为香水的寓象。她们性感而开朗，领口微张，魅力四射；站起身来，微微晃动撩人的身躯，在轻薄的衣裙下，可以看到她们纤细的双腿。新艺术运动中被神化的女性，散发着遥远的似有若无的性感，与自然风格完美契合。广告越来越具寓意，它吸收了文学领域中发展起来的主题，使香水进入了感官享受、情感传递等领域之中。

1912年，娇兰"蓝调时光"

1911年夏末时分，在一个天气美妙的午后，雅克·娇兰和他的儿子在塞纳河边散步。时近黄昏，夜幕低垂，天空中的蓝色也变成全新的模样。这种蓝色比天蓝色更深，是由瑞利散射引发的一种被称为"褐变"的物理现象。置身于这种蓝色之中，雅克觉得一切都变得十分和谐。他说："只有香水能够表达这种强烈的感受。"然而那时，美好的时代正趋向黑暗，世界变得疯狂，战争一触即发。雅克当然也感受到了这种灾难迫近的危机感。不久后，他创作出"蓝调时光"，一款属于他妻子Lily的香水，并在一战期间，将浸泡香水后的手帕送给前线战士来提振士气，希望能为他们提供一种充满女性温情的隐性温馨的氛围。时至今日，这种"护身符"仍是香水行业最具诗意的隐喻之一。

女性的解放

20世纪20年代，女性解放更进一步，她们的服装和发式相对变得简单，并且在公共场合无所顾忌地吸烟。古铜色的皮肤记录着人们在阳光下享受过休闲时光，也彰显着精英阶层较高的社会地位。香水商们抓住这个机会，开始提供日光浴精油等产品。而彩妆产品掩盖了职场女性疲惫的面容，因此成为优雅和诱惑的最佳拍档。此外，两次世界大战交替中，运动和汽车也成为女性新的征服对象。女性的社会身份显著提高，就像在查尔斯顿舞、狐步舞、探戈和其他时代舞蹈音乐中表现出来的那样。夜晚也成为女性新的主场，她们怀着不同的目的，穿上不同的衣服，或是出去谋生，或是出去散发魅力，寻欢作乐。

在广告领域，女性主题在当时是非常活跃并且是不断变化的。它们通常与汽车和香烟相关。例如，1929年，巴杜推出的“为了他”（*Le Sien*）香水的广告文案中提出：运动是一个男女平等的领域。这里不兼容过分柔和的香水，而需要一种清新的、实用的运动时尚。这种香水清新、健康，非常“外在”，既适用于男性，又适用于爱打高尔夫、喜欢抽烟、能飙车到120迈的现代女性。

▲ 1929年让·巴杜的香水广告。

▲ 莎拉·伯恩哈特，1859年纳达尔摄影作品。

缪斯女神们

1853年，为了纪念拿破仑三世的妻子欧仁尼皇后，皮埃尔·弗朗索瓦·帕斯卡·娇兰创作出“帝王之水”。欧仁妮皇后也被他视作缪斯女神，是品牌的守护者和代言人。但是，娇兰品牌首位官方认证的缪斯女神是1890年的“神圣”女星莎拉·伯恩哈特（Sarah Bernhardt），她为娇兰拍摄了许多香水和化妆品广告。直到1860年左右，女演员们是唯一在舞台上和生活里都会化妆并喷洒奢侈香水的人，她们的妆容被称为“戏剧妆容”。当时中产阶级的道德观念仍然抵触世界上贤惠、谨慎的妇女化妆。19世纪末，当这种观念有所转变时，某些女演员就成为化妆艺术的代言人，并向其他女性传授着自己的美容秘诀。此外，以她们为主题的广告被设计出来，放置在大城市宏伟的墙面上。

加布里埃·香奈儿——首位灵感缪斯

作为灵感缪斯，香奈儿为女性独立做出了巨大贡献。香奈儿5号的广告最早可追溯到1921年。它是由加布里埃·香奈儿（Gabrielle Chanel）的画家朋友，著名漫画家塞姆（Sem）绘制的。画面中描绘了一位昂着头、手指指向香奈儿5号的女性。他表达了一个全新的女性形象，将手伸向5号香水意味着她坚定自己的梦想和信念。对于香奈儿5号的成功上市，这幅画作也有着非同寻常的意义。

1937年，科拉尔（Kollar）为香奈儿拍摄了一张写真。当时香奈儿站在她面向旺多姆广场的丽兹酒店（Ritz）的豪华套房中，一只手撑在壁炉上。壁炉上的烛台仿佛是由香奈儿智慧的思想所点亮的，这座烛台是艺术总监雅克·海勒（Jacques Helleu）精心挑选的。雅克·海勒也是一位颇有才华的设计师，他一直想让世界上最美丽的女性代言5号香水。为此他还曾求助于摄影和电影界的大人物来更好地在广告中协调5号香水和模特的脸。他的灵感来自他对电影的选择，以及对讲述真实故事的渴望，故事的主题是女人、香水和男人……或者是那些生动的爱情誓言。

▲ 加布里埃·香奈儿于1937年在巴黎丽兹酒店的套房里。弗朗索瓦·科拉尔（François Kollar）拍摄的这张照片被选作香奈儿5号香水的广告宣传照。

好莱坞电影

二十世纪二三十年代好莱坞电影的发展体现了“缪斯”和“偶像”的观念，大众女性也受到这种女性魅力的鼓舞。英语单词“glamor”原意是闪闪发光的魅力，也用来代表这些明星的美丽，大众女性会模仿她们的发型、着装和生活方式。香水成为女性气质的绝对代名词，就像一场金色的雨，使她们变成女神。1930年，“喜悦”就是专门为美国女性和明星打造的，其中也包括巨星路易斯·布鲁克斯（Louise Brooks）。1947年，科蒂的“缪斯”（*Muse*）香水也诞生于这种风潮。在1950年比利·怀尔德（Billy Wilder）的电影《日落大道》（*Boulevard du crépuscule*）中，扮演诺玛·戴斯蒙德的女演员葛洛丽亚·斯旺森（Gloria Swanson）使用的就是卡朗的“黑水仙”（1911）香水。罗拔贝格（Robert Piguet）的“喧哗”（*Fracas*，1948）专为女演员艾薇琪·弗伊勒（Edwige Feuillère）研制，并深受玛琳·黛德丽（Marlene Dietrich）、麦当娜（Madonna）、

玛丽莲·梦露与香奈儿5号

1952年，玛丽莲·梦露（Marilyn Monroe）爱上香奈儿5号，她坦言：“失去了5号香水，我就失去了嗅觉。”这句话引领了全球风潮，整个世界都屈服于这款明星产品。有人问她：“你早上穿什么衣服？”“一件衬衫和一条裙子。”她回答说。“晚上呢？”“晚上我穿着香奈儿5号入睡。”当然，这种免费宣传引起了人们的注意。香奈儿一定很喜欢，并且会很开心。毫无疑问，这种性感对男人来说意味着致命的诱惑。玛丽莲·梦露在照片中拿着5号香水，作为广告效果甚佳。香奈儿5号是感性与优雅的奇迹，就像它为女性带来新的意义：灵魂的补充。

◀ 玛丽莲·梦露喷洒香奈儿5号，埃德·费恩格（Ed Feingersh）摄于1955年。

金·贝辛格（Kim Basinger）、娜奥米·坎贝尔（Naomi Campbell）、摩纳哥公主卡罗琳（Caroline）等人青睐。

雅诗兰黛的“青春朝露”（*Youth Dew*，1953）是有史以来最性感的香水，也是20世纪50年代性感女星琼·克劳馥（Joan Crawford）的标志性香水。她曾在自己的书中坦言，没有这款香水自己会无法生活。

战后迅速发展

第二次世界大战后，香水业一直在不断创新和追求高品质。这种愿景既涉及研究人员，也涉及商业人士。自20世纪50年代以来，广告业的重点一直放在广告市场上，这是一个备受欢迎的市场，并且人们的要求也越来越高。社会文化流动改变了人们的生活方式，当时正处于观察和分析阶段。

在20世纪50年代，女性几乎接连不断地出现在香水广告中，大多数品牌选择与模特签订独家合约，模特由此成为品牌的代言人。著名的香奈儿5号就经历了多名品牌代言人：阿里·麦格劳（Ali McGraw）、劳伦·赫顿（Lauren Hutton）、凯瑟琳·德纳芙（Catherine Deneuve）、卡洛·波桂（Carole Bouquet）、妮可·基德曼（Nicole Kidman）、奥黛丽·塔图（Audrey Tautou）等。当然，她们的动人瞬间被理查德·阿维顿（Richard Avedon）、赫尔穆特·牛顿（Helmut Newton）、帕特里克·德马歇里尔（Patrick Demarchelier）等最有才能的摄影师所珍视。1957年，纪梵希先生为奥黛丽·赫本量身定制了一款香水，并得到本人的认可。之后某年，当纪梵希想要将其推广时，被她幽默地“制止”（interdit）了，纪梵希便将其命名为“禁忌”（*Interdit*）。

1985年，迪奥为“毒药”（*Poison*）首次推出了打破常规的广告，并取得了巨大的成功。1989年，娇兰凭借“轮回”的5 000万美元广告投入打破了香水广告界的最高记录。

超级模特的时代

20世纪90年代，明星模特开始兴起。这些超级模特是模特中的精英，是领取行业顶薪的最受欢迎的群体。她们频登国际杂志的封面，并在高级时装秀上走秀。

克劳迪娅(Claudia)、娜奥米(Naomi)、伊娃(Eva)、辛迪(Cindy)、琳达(Linda)、凯特(Kate)、克莉丝蒂(Christy)……这些模特渐渐为人所知，她们作为设计师的朋友和灵感缪斯，名气甚至超过了品牌设计师。娜奥米·坎贝尔(Naomi Campbell)是第一个登上《时代周刊》(*Time*)与《时尚》(*Vogue*)杂志封面的黑人模特；辛迪·克劳馥(Cindy Crawford)因拒绝点掉脸上标志性的痣而备受关注；凯特·摩丝(Kate Moss)成为一种时尚风格的象征，是一代人的缪斯女神；琳达·伊万格丽斯塔(Linda Evangelista)更是声称自己不会接薪酬低于一万美元的工作……

此外，电影导演也可以制作广告电影。目前最长的广告电影时长180秒，是2004年由巴兹·鲁赫曼(Baz Luhrmann)导演，妮可·基德曼(Nicole Kidman)出演的香奈儿5号香水广告。

◄ 为香奈儿5号进行广告代言的妮可·基德曼，帕特里克·德马舍利耶(Patrick Demarchelier)摄于2006年。

顶级男模

如今，男士香水也有其代言人。如女性代言人一样，他们也是产品及品牌文化传播的大使。

迪奥的第一款男士香水是1966年由调香师埃德蒙·罗尼斯卡（Edmond Roudnitska）推出的“狂野”（今译作“清新之水”，*Eau Sauvage*），由于它的香气较为清新淡雅，在女性市场也获得了巨大的成功。它是20世纪后半叶世界上最畅销的男士香水。这款香水十分经典，兼具古典、精致和动感的风格，瓶身设计也很独特：圆柱形的瓶身缠绕着银色丝带。为了这个设计，迪奥还专门请教过插画师雷内·格吕奥（René Gruau）。这款香水的广告十分大胆，其中有一幕是一个裸体男人在浴室里喷香水。约翰尼·哈利迪（Johnny Hallyday）、齐纳丁·齐达内（Zinédine Zidane）、柯尔多·马尔特斯（Corto Maltese）和拉戈·温奇（Largo Winch）等几位男明星相继成为它的代言人，他们在广告中穿上遮到双眼下方的黑色高领上衣，目的是凸显他们粗犷野性的眼神。2009年，阿兰·德龙（Alain Delon）成为新一任代言人，但品牌所使用的依然是60年代的摄影作品，大多数照片是阿兰在拍摄雅克·德雷（Jacques Deray）的电影《游泳池》（*La Piscine*）时，由摄影师让-马利·佩里埃（Jean-Marie Périer）在1968年所拍摄的，这些神话般的照片比起长篇大论更能打动人心。

▲ 1966年，让-马利·佩里埃为阿兰·德龙拍摄的传奇照片，2009年被用在迪奥“清新之水”的广告中。

玻璃和水晶的顶级制作工匠

“香水瓶的作用微乎其微，重要的是醉人的芳香。”按诗人阿尔弗雷德·德·缪塞（Alfred de Musset）所说，香水瓶只是容器，不过是香水的容纳物罢了，真正有价值的是里面的香水。这种说法显然有失偏颇，因为香水瓶也同等重要！瓶子是保存香水所必需的，如果没有玻璃工匠制作的瓶子就没有香水。

▲ 1945年巴卡拉制作的由萨尔瓦多·达利为艾尔萨·夏帕瑞丽“太阳王”（*Le Roy Soleil*）设计的香水瓶。瓶身由透明水晶吹塑成形，涂有金色珐琅。

巴卡拉：从利口酒瓶到“香水瓶”

巴卡拉玻璃厂是在1765年路易十五统治时期经皇家批准在洛林地区的默尔特河岸建立的。人们在那里生产各种玻璃器皿，主要是杯子和窗户玻璃。1816年，巴卡拉被圣路易斯前董事阿提古先生（M. d' Artigues）收购，自此开始生产水晶，并在1855年世界博览会上获得了金牌。从1860年开始，为满足市场需求，巴卡拉在其目录中增加了一款新产品——香水瓶，当时的灵感来自葡萄酒和利口酒瓶。

娇兰、伊丽莎白·雅顿、迪奥……都为巴卡拉疯狂

1925年，巴卡拉参加巴黎装饰艺术博览会，通过荣军院广场展台上的优质展品，它征服了观众，获得了表彰。当时所展示的非凡的水晶展品是由20世纪20年代负责巴卡拉工作室的艺术总监乔治·谢瓦利埃（Georges Chevalier）专门为这次博览会打造的。

巴卡拉的客户中不乏大品牌，很多著名香水的瓶身都出自巴卡拉，其中包括娇兰“柳儿”（*Liu*）的黑色水晶瓶。1939年，伊丽莎白·雅顿（Elizabeth Arden）“就是你”（*It's You*）的香水瓶身是一只手拿着金瓶的造型，这也是巴卡拉的作品。1947年，费迪南德·格里–科拉斯（Ferdinand Guéry–Colas）设计出双耳水晶瓶，限量200只。1956年，巴卡拉为“迪奥之韵”（*Diorissimo*）香水设计出新颖的倒置瓶身，上面装饰着镀金青铜花束，与花香型香水相得益彰。1997年，巴卡拉首次推出了三款香水：孟加拉星夜（*Une nuit étoilée au Bengale*）、底比斯神圣的眼泪（*Larmes sacrées de Thèbes*）和里瓦的亚的夏天（*Un certain été à Livadia*）。

但是巴卡拉的制作同样需要遵守工业规则，生产中使用模制水晶，为其创造出来新的装饰，如螺旋状、月桂式、蛇形、俄式和重瓣玫瑰等，这些款式都非常受欢迎。

圣路易与金水晶

圣路易于1767年在洛林区的圣路易–莱比奇建立，自16世纪以来，玻璃业在此地蓬勃发展。1781年，圣路易玻璃厂在德博福特先生（M. de Beaufort）的带领下开始制造水晶。初次尝试便大获成功。他们用二氧化硅、铅和钾盐为原材料，在高温下将其混合物熔化，得到几乎呈液态的加工物料。后来的革命年代不利于新兴的奢侈品行业的发展，也降低了玻璃制品的需求。到1800年，这座水晶工厂才完全恢复生产。

19世纪30年代：首批香水瓶问世

第一个真正的香水瓶出现于19世纪30年代。通过新的成型工艺，可以使玻璃获得“钻石棱角”的外观。在1837年和1844年相继研制出玻璃丝和彩色玻璃丝之后，玻璃水晶在路易·菲利普的统治下崭露头角。在1848年到1850年之间，玻璃制造商不断增多，玻璃水晶的工艺也改由玻璃丝制成，并且可以支持不同颜色的闪光涂层。后来，到了第二帝国时期，切割成平滑花纹的玻璃盛行起来。

▲ 1992年“圣路易水”。

▲ 绘金装饰。

圣路易的专利：纯金装饰艺术

1870年左右，酸蚀刻技术的掌握使圣路易推出了一种全新的装饰艺术：纯金装饰。这种装饰常常用于古龙水香水瓶，并先后采用过不同的风格：带有象征性的造型，如纪念碑；或是日常生活用品类型，如水桶。LT披威、科蒂、香奈儿和妙巴黎都使用圣路易制造的瓶子。

让·萨拉的年代和繁荣的活动

1938年起，圣路易与著名的玻璃制造商让·萨拉（Jean Sala）合作。后者以其在花瓶动物造型和花瓶方面的精湛技艺而闻名。让·萨拉能够提供切面形状最多样化的水晶。受此影响，迪奥、科蒂、香奈儿和巴尔曼（Balmain）等香水巨头都与圣路易水晶厂合作。

1992年，圣路易水晶厂在为众多香水品牌制作了香水瓶之后，推出了自己的香水产品——圣路易水（*Eau de Saint-Louis*）。但它的香水瓶似乎显得更有价值。香水挥发后，瓶身被刻意保存下来，继续散发着它的魔力。现今香水瓶已经成为收藏品，它们由水晶雕刻而成，是当今香水的独特装饰品。

德皮诺瓦玻璃工厂，为香水服务

德皮诺瓦玻璃工厂（les Verreries Dépinoix）最早创立于1846年，创始人泰奥菲勒·科农（Théophile Coenon）在这里专门从事香水瓶制作的生意。到1888年，卡伦的女婿康斯坦特·德皮诺瓦（Constant Dépinoix）接管公司，从此公司在世界范围内蓬勃发展起来。德皮诺瓦玻璃厂位于巴黎三区的佩尔街道，曾经创造过上万个香水瓶模型，是香水瓶制造业最专业的玻璃工厂之一。后来，莫里斯·德皮诺瓦（Maurice Dépinoix）在势头正盛时接管了公司，开始了他作为艺术家和董事的职业生涯。他管理着巴黎玻璃公司的收购业务并对公司进行现代化改造，之后在巴黎十三区开设工厂，使德皮诺瓦玻璃工厂成为两次世界大战之间最成功的公司之一。此外，他还是香水瓶设计师，受黑色玻璃密度的启发，他设计的香水瓶大而坚固。

布罗斯玻璃工厂——玻璃与火的大师

1880年，小型香水瓶批发商高-蒂里翁公司（la Société Caut–Thirion）的继承人高-蒂里翁（Caut–Thirion）嫁给吕克-莱昂·布罗斯（Luc–Léon Brosse），正式更名为布罗斯公司（la Société Brosse）。1919年，埃米尔·巴雷（Émile Barré）将布罗斯公司与其位于布雷勒山谷的工厂一并收购。在其领导下，工厂将生产的重点放在装饰玻璃，尤其是香水瓶和香水喷瓶上。1933年，乔治·施旺德（Georges Schwander）加入了布罗斯玻璃工厂（les Verreries Brosse），并助其在1925年巴黎装饰艺术博览会上获得金牌。

疯狂年代的创造神话

在20世纪20年代，布罗斯玻璃工厂为维尼香水（Vigny Parfums）创造了一个系列，名为“黑脸娃娃”（Golliwogg）。它的作品与当时流行的人物、漫画及其他装饰风格形成了鲜明对比，其线条含有明显的东方装饰风格，是特别为格伦诺维尔（Grenoville）和穆里（Mury）创作的。此外，布罗斯还生产了大量的喷雾器，主要顾客为德维比斯（DeVilbiss）、马塞尔·弗兰克（Marcel Franck）和基青格兄弟（Kitzinger brothers）。

与顶级香水商合作

许多传世之作背后都有布罗斯的身影，比如1927年由简奴·朗万（Jeanne Lanvin）设计，至今仍在生产的香水浪凡“琶音”（*Arpège*）的黑色球形瓶身。再如1921年设计的香奈儿5号瓶身，清晰利落的瓶身线条与简单大方又不失精致的黑白色标签，堪称香水瓶的典范。

此外，布罗斯的客户还有众多时尚和香水界的大咖，如科蒂、娇兰、奥赛、香邂格蕾、伊丽莎白·雅顿、吕西安·勒隆（Lucien Lelong）、巴杜、莲娜丽姿（Nina Ricci）和沃斯（Worth）、瑞浓（Révillon）等。1992年，布罗斯通过半手工制作的方式，为穆勒（Mugler）的“天使”（*Angel*）制造出星形瓶，实现了真正的技术壮举。对于蒂埃里·穆勒（Thierry Mugler）来说，香水瓶是“通往美妙和梦境的门”。布罗斯在生产香水瓶方面总是保持领先地位，走在设计与生产的最前沿。

▲ 蒂埃里·穆勒的“天使”，出自布罗斯玻璃工厂，凯·尤纳曼（Kai Jünemann）摄。

拉里克，从珠宝到香水瓶

1862年，勒内·拉里克随父母一起到达巴黎，1876年成为路易斯·奥洛克（Louis Auroc）的学徒。1878年，他前往伦敦深造艺术。两年之后他回到巴黎，用珍贵的宝石和金属设计出了他个人第一个珠宝系列。之后经过十年的沉淀和发展，勒内的特雷塞街工作室中已经有了30名工人。在1909年为弗朗索瓦·科蒂跨界设计著名的"触摸"（*L'Effleurt*）玻璃香水瓶之前，他就已经是赫赫有名的珠宝设计师了，他的作品以玻璃、珐琅、角、象牙、宝石等各式各样的材料为原料。当时许多贵族、资产阶级在内的女性以及众多女明星都是他的顾客，其中包括著名的女演员莎拉·伯恩哈特（Sarah Bernhardt）。

香水瓶——玻璃中的冒险

1909年，在收到弗朗索瓦·科蒂的订单后，勒内·拉里克创作了一款长扁形浮雕装饰的香水瓶，上面装饰着一朵散发着香水香气的花朵，象征着一种新的艺术女性形象。科蒂对他的设计大加称赞，并追加了许多订单，这促使勒内开设了一家属于自己的玻璃工作室。勒内的香水瓶设计理念与珠宝系列一脉相承，我们从中发现了他所珍视的主题——采用女性、鲜花等新艺术运动背景下的女性主题。鲜

▶ 1897—1898年，勒内·拉里克用月亮石和钻石镶嵌的珠宝作品"蜻蜓女"（*la Femme libellule*）。

明的风格及优质的产品使阿里斯（Arys）、科蒂、奥赛、娇兰、霍比格恩特、LT披威、慕莲勒（Molinard）、香邂格蕾、沃尔内（Volnay）、沃斯等著名香水品牌都成为他的忠实顾客。值得一提的是，沃斯香水迄今为止最为惊艳的两款产品——1924年的“在夜里”（*Dans la nuit*）和1944年的“请求”（*Requête*），其香水瓶均出自勒内之手。此外，香邂格蕾的“绿珏”（*Le Jade*，1925）、莲娜丽姿的“喜悦之心”（*Cœur-Joie*，1946）、沃斯的“我会回来”（*Je reviens*，1932）和“冒失”（*Imprudences*，1938）、奥赛的“他们的灵魂”（*Leurs Âmes*，1912）和“诗”（*Poésie*，1914）等名品的香水瓶也都是勒内的作品。

勒内·拉里克总共设计了400多款香水瓶。在二十世纪二三十年代，他的设计一直被模仿，但从未被超越。他还曾经设计空的香水瓶，顾客可以买来装自己最喜欢的香水。1945年，勒内离世，他的儿子马克（Marc）接管公司，并继续从事香水瓶设计的生意。1944年马萨尔·罗莎（Marcel Rochas）的“罗莎女士”（*Femme*）和1948年莲娜丽姿的“比翼双飞”（*L'Air du Temps*）的香水瓶都是他的作品。

多才多艺，享誉全球

勒内·拉里克在装饰艺术上取得了非凡的成就。在布鲁塞尔世界博览会上，他获得一等奖，并于1897年获得荣誉军团勋章。通过1900年的巴黎世界博览会，他的名字为全世界所知。此外，他还有一些十分有名的建筑作品，比如1911年弗朗索瓦·科蒂的精品店的门面，法兰西岛（*Île-de-France*）和诺曼底号（*Normandie*）客轮的内部，以及著名的东方快车（Orient-Express）的内部。1905年，他的第一家零售店在旺多姆广场开业。

▲ 1908年，勒内·拉里克为香邂格蕾的“雏菊”（*Pâquerettes*）制作的香水瓶。版权归属香邂格蕾。

波谢 & 杜库瓦尔——四个世纪的卓越成就

1623年1月9日，诺曼底伯爵夫人通过书信授权弗朗索瓦·瓦兰特·西厄·杜库瓦尔(François Vaillant sieur du Courva)，同意后者在当地兴建起一座玻璃工厂。当地广袤的森林资源提供了充足的木材，用以燃烧并融化玻璃浆料。1662年，工厂建造起第二个熔炉，专门制作“水晶玻璃”。玻璃和水晶的制作权是由当地总督塞纳篷侯爵(le marquis de Sénarpont)授予的。1780年，杜库瓦尔创建了波谢公司(la maison Pochet)，专门处理玻璃厂的订单，总部设在巴黎的让-雅克·卢梭街，由让-巴蒂斯特·普罗斯珀·波谢(Jean-Baptiste Prosper Pochet)统筹管理三家门店。19世纪初，该公司开始生产香水瓶，随后香水瓶成为他们的主要业务并最终成为他们唯一的业务。

▲ 重铸的瓶子。

传奇还在继续！

1869年，杜库瓦尔开始在瓦尔密码头上建立仓库和工厂。1934年11月11日，波谢&杜库瓦尔玻璃厂（Les Verreries Pochet & Du Courval）正式注册成立。工厂生产的香水瓶和瓶塞，平均日产量高达120万件。波谢&杜库瓦尔将工业与美学、传统与创造结合在一起，不断革新技术，以实现创作者的梦想。塞尔日·曼索（Serge Mansau）和皮埃尔·迪南德（Pierre Dinand）等当世最伟大的设计师都会与他们定期合作，进而随心所欲地表达自己的创意。经历近四百年的沉淀之后，波谢公司依然坚持自己设计模具。

娇兰的象征——金蜜蜂

1853年，波谢公司为娇兰生产了著名的“帝王之水”蜜蜂瓶，据说它是从拿破仑军队的荣耀象征——旺多姆圆柱的圆顶汲取灵感的。瓶身上标志性的金色蜜蜂是当时的一项创新技术。每一只蜜蜂都是用纯金手工绘制、雕刻出来的，炫目的金光象征着帝国的辉煌。而这款香水瓶也拉开了娇兰和波谢合作的序幕，他们的合作一直非常成功，后者为娇兰品牌创造了不计其数的精品香水瓶。如今这款香水瓶仍由波谢公司制作，不过蜜蜂换作了白色或镀金的。

设计时代

20世纪70年代，随着市场的发展，为了满足不断增长的需求，香水瓶形状多样化和材质大众化成为不可避免的趋势。新兴消费市场和两性思维方式的快速变化，不断要求不同的时尚和产品出现。现在盛行的产品逻辑：香水、瓶子和包装，正是当时工业制造和审美需求相结合的产物。在创作者的艺术理念的推动下，制造技术进一步发展。新潮的创作理念和时代精神不断涌现，被设计师注入香水瓶的设计中。

两位伟大的设计师——塞尔日·曼索和皮埃尔·迪南德

塞尔日·曼索（Serge Mansau，1930—2019）是成名于20世纪60年代的玻璃雕刻师，同时也是画家和场景设计师。而他与玻璃制造商的合作，扩大了他的创作范围。此外，他还精通调色、吹玻璃和雕刻木材。并且，他对现代材料颇有研究，并与当时最大的公司合作。1974年，他将迪奥“蕾拉”（*Diorella*）的香水瓶当作艺术品去设计，创造性地将金属底座和玻璃主题结合起来。他的一生共设计超过650件堪称艺术品的香水瓶，在50多年的时间里始终影响着香水行业。2019年2月17日，这位传奇大师与世长辞。

◀ 迪奥“蕾拉”特别版，1974年
塞尔日·曼索设计。

皮埃尔·迪南德（Pierre Dinand，1931— ）继设计出“罗莎夫人”（*Madame Rochas*）香水瓶20年，创立工作室10年后，在1978年又推出了一款惊世之作。在品牌时装的启发下，他设计出圣罗兰“鸦片”香水瓶。整个产品以日本武士的印笼为灵感，巧妙地运用了漆木和尼龙材料。他的另一个名作是为帕高（Paco Rabanne）的“卡兰德雷”（*Calandre*）设计的香水瓶。受窗户金属包边的启发，他设计出了被镀锌板包围的瓶子，这是香水历史上的一次创新。除上述两位大师外，法国还有许多设计师因其设计出漂亮的香水瓶作品出名，如弗雷德里科·雷斯特雷波（Frederico Restrepo）、乔尔·德斯格里普（Joël Desgrippes）、红龙社（l' Agence Dragon Rouge）、韦罗尼克·莫诺（Véronique Monod）、蒂埃里·德·巴西马科夫（Thierry de Baschmakoff）以及设计公司“纯粹理性”（Raison Pure）等。

第一款男士香水

19世纪，虽然香水业蓬勃发展，穿衣风格也日趋多元，但男士香水仍然被看作异类。为了避免混淆男性性别认同，男士香水被束之高阁。这种现象一直延续到20世纪初首批男士香水出现。

从无到有

自从君主立宪制以来，资本主义日益发展壮大，烟味渐渐占据了嗅觉的全部，这是资本主义的成功标志。直到20世纪60年代，男性的清洁时代才逐渐开始。但是，当时的香水还仅仅是一种清洁用品，而并非与诱惑、展示自我相关。到了19世纪，香水不再与男人相关，男性只能有限地使用某些化妆品：用来清洁胡须和鬓角的匈牙利软膏，以及用来将它们染黑的染料；一些护发产品，如软膏、油或“philocoma”这种用来维持头发并促进头发生长的精油制剂。娇兰的“西普水”（*Eau de Chypre*）也可以有效地缓解剃须之后的灼烧感，滋养皮肤。淡香水古龙水被男性广泛用于沐浴和按摩，而充满“俄罗斯风格”的皮革香和东方调的“龙涎香”也被引入进来，作为丰富嗅觉符号的又一利器。

蕨类植物……嗅觉性别决定论

1882年，霍比格恩特品牌的调香师保罗·巴尔圭（Paul Parquet）首次通过添加人造香料，创造出了“皇家馥奇”香水。它带有的柑橘、薰衣草、木质和香豆素的香气，让人仿佛置身于静谧的森林。如同当时的大多数香水一样，这款香水最初是为女性打造的，但是它的干草味（香豆素）与薰衣草、天竺葵的混合香气使其成为精致男性——花花公子——的最爱。这个味道与他们熟悉的理发店的气味相似。至此，蕨类

▶ 霍比格恩特“皇家馥奇”，1882年。

植物香味甚至变成了男性专属，男性或女性会自然转向的某个特定嗅觉区域的命题也被提了出来。

“姬琪”（*Jicky*）香水证实了这个命题。这款由艾米·娇兰（Aimé Guerlain）调制，1889年问世的香水引发了困惑——女性对它不太感兴趣，男性却对其喜爱有加，尤其是那些喜欢猎奇、标新立异的花花公子。他们欣赏它的新鲜气息（佛手柑、柠檬、花梨木），再加上薰衣草与芳香剂（罗勒、迷迭香）、龙涎香（香豆素、红没药、香兰素）和动物香（麝香）混合而成的香气。

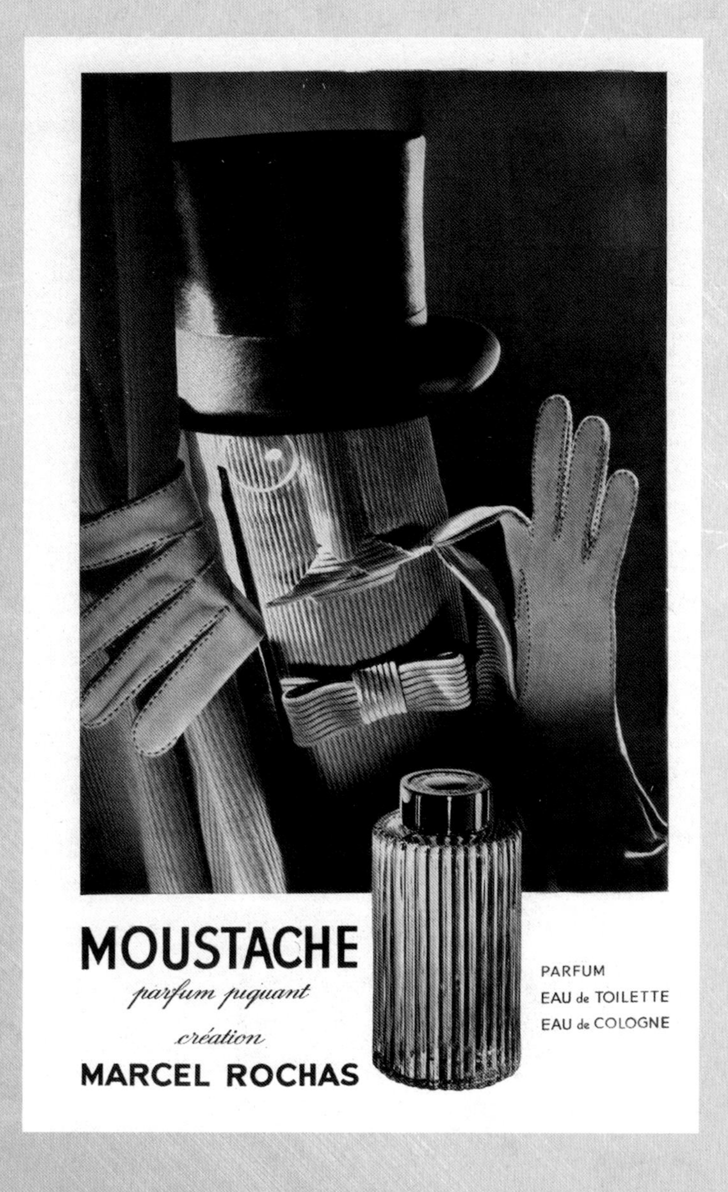

男士香水成为时尚

1936年，登喜路（Dunhill）推出“同名男士”（*Dunhill for men*）。1938年，夏帕瑞丽（Schiaparelli）推出“气息”（*Snuff*），烟管状的瓶身成为男性不可缺少的时尚配件。1947年，时装设计师杰奎斯·菲斯（Jacques Fath）推出“绿水”（*Green Water*），一款柑橘味的男士香水。二十世纪五六十年代，美国对欧洲市场影响巨大，男士香水也从中受益。事实上，在美国，香水商将香水与剃须产品、卫生用品配套售出。因此，“绿水”取得了巨大成功。在法国，罗莎于1948年发行了“胡须”（*Moustache*）男士香水。蕨类香混合了木香、苔藓和稀有水果的味道，成为男士奢侈品的首选。这款香水香味清新淡雅，闻起来很干净，与20世纪50年代的男性理想相吻合。

◀ 1950年马萨尔·罗莎的“胡须”香水广告。

▲ 1954年卡隆“同名男士”的广告。

卡隆“同名男士”——第一款真正的男士香水

卡隆香水于1919年和1930年分别推出“金色烟草”和“翱翔”（*En avion*），虽然二者的目标群体都是女性，但深受男性消费者喜爱。受此影响，1934年卡隆开始开发男士香水产品。当时的男士香水还是与剃须产品捆绑在一起出售。卡隆推出的“同名男士”（*Pour un homme*）中，薰衣草香的加入新颖而又叛逆，也中和了香草和龙涎香的香味。瓶身方面，纯净、经典、大方美观的瓶身受到肯定，黑色瓶盖显然成为首选。卡隆男士香水很快便获得了成功。香水的清洁作用首次与诱惑结合在一起，巧妙地将香水引入男性市场，却也不至于以过于浮夸而吓到男性。

男士香水中的木质香

20世纪50年代末期出现的木质香水，是男性力量的充分展现。木质香与最古老的香水息息相关。正如我们所知，人类的祖先燃烧混合着树脂的芳香木材来供奉各自信仰中的神明。所以，木质香的核心理念是力量和永生。木质香水主要由木质香和华丽的香味组成，如檀香木和广藿香，或者优雅的干木香，如雪松和香根草。对于男人来说，这些木质的香气会让人联想到树根、地球，以及征服。1957年，卡纷（Carven）率先推出“香根草”（*Vétiver*）香水，随后纪梵希（1958年）与娇兰（1959年）也先后推出同名香水产品。

“男士”香水及其属性

20世纪50年代的法国正在保守派的统治之下，当时是一个典型的男性世界，保护者、优雅的经典气质很是被推崇，而男性的性感是一大禁忌。在此背景下，香水业推出了许多被称为“男士”（Monsieur）的产品。1955年，香奈儿推出“绅士”（*Pour Monsieur*），这是一款优雅精致的淡香水，属于西普香水，其中融合了柑橘的清香、木材的深厚和干香料的热辣。对于香奈儿来说，男性气概首先是对阶层、优雅和魅力的追求。20世纪60年代，“巴尔曼先生”（*Monsieur Balmain*）、“纪梵希先生”（*Monsieur de Givenchy*）及“浪凡先生”（*Monsieur Lanvin*）、“沃斯先生”（*Monsieur Worth*）、“罗莎先生”（*Monsieur Rochas*）相继推出，而这些香水无一不是为了体现这种明确的追求。

▲ 大卫杜夫与精英机构（Agence Elite）的模特克里斯蒂安·霍格（Christian Hogue）合作，推出了新款名为“冷水男士”的香水，在巴黎拍摄。

俘获所有人

20世纪以来，男士香水飞速发展，不过其市场是在20世纪60年代末才真正开始兴起。产品名字中会使用男性词汇，如兰蔻的“疤痕”（*Balafre*）、娇兰的“满堂红”（*Habit Rouge*）、爱马仕（Hermès）的“船员”（*Équipage*）等男士香水不断地探索浴室中的魅力。一个巨大的市场等待开发，那里存在着想拥有香水却又不想为人所知的男性群体。这个市场需要几十年的时间来解放那些思想上的“缠足”，并宣布一个新时代将会到来，男士香水会给大家全新的认知。

1964年，法贝热（Fabergé）为“香槟”（*Brut*）设计了全黑不透明的香水瓶，呼应了它的名字，想以此征服男性市场，并说服男性，香水不会让他们失去男子气概……在男士香水发展的历程中，一开始是将女士香水男性化。真正与女士香水没有任何关联的完全独立的男士香水，直到二十世纪八九十年代才被开发出来。因此，最早的男士香水总是可以在女士香水领域找到对应品，如雅男仕的“同名男士”（*Aramis*）对应葛蕾（Grès）的“倔强”（*Cabochard*）；法贝热的“香槟”对应丹娜的“独木舟”（*Canoë*）。帕高的“*R*”可以说是烟草蕨类中最早的真正男士香水产品之一。1978年的阿莎罗“同名男士”（*Azzaro pour homme*）及20世纪80年代初姬龙雪（Guy Laroche）的“黑色达卡”（*Drakkar Noir*）为男性带来嗅觉创新，使男士香水变得更有力量，更清新，更持久。

男士香水中对于清新的追求一直存在，1966年迪奥的“清新之水”就是对清新不懈追求的产物，并将其推到极致。1988年由大卫杜夫推出的“冷水男士”（*Cool Water*）进一步刷新了清新的上限，一种含有大海气息的“新的清新香调”被这款香水引入进来，至此，男士香水开始广泛流行，开创了香水新的时代。

打破性别隔离

新时代的男性气质是通过形象和香水之间的联系逐步确立的。集体表现出的传统男性形象被广泛使用，并与冷酷的颜色、香水的名称以及瓶身的设计等统一起来，给人一种产品的嗅觉概念。男性的肢体语言也变得跟女性一样雅致。1989年乔普“同名男士”（*Joop Homme*）引发了东方花卉香的热潮，成为1996年让·保罗·高缇耶（Jean Paul Gaultier）创作的“裸男”（*Le Mâle*）香水的灵感源泉。男士香水的发展提高了人们对于男性魅力的关注度，也侧面推动了男性对精致的追求。男士香水越来越热，香水浓度也越来越高。这些新鲜的产品也开创了新的穿香方式，除传统的早上涂抹之外，更多的穿香姿势被开发出来。从香水的角度来说，男性世界更接近女性世界，以至于产生了第三种性别，挑战了传统的认知。让·保罗·高缇耶说：“男人应该拥有与女人同样的自由选择的权力。”

▶ 20世纪90年代，让·保罗·高缇耶的男士香水广告，照片由让-巴蒂斯特·蒙迪诺（Jean-Baptiste Mondino）拍摄。

▶ 《巴黎的香味》(*Le Bouquet des Parfums de Paris*)，1947年2月1日《时尚》杂志插图。

20世纪初，高定时装公司开始以各种形式向香水行业拓展业务。他们要么直接向香水工坊购买配方，要么将调香师招入旗下进行创作。就这样，调香高手开始入驻时装公司，“鼻子”一词也变成了他们职业的代号，比如为人津津乐道的巴杜的亨利·阿尔梅拉斯（Henri Alméras），香奈儿的恩尼斯·鲍（Ernest Beaux），沃斯的莫里斯·布朗切（Maurice Blanchet），浪凡的安德烈·弗雷泽（André Fraysse），波烈（Poiret）和瑞浓的莫里斯·谢勒（Maurice Shaller）。在此阶段，时尚和香水在同一个创造者的头脑中比以往任何时候都更加紧密地联系在一起。1951年，皮革制造商—香水商爱马仕采用这一跨界战略，珠宝商—香水商梵克雅宝（Van Cleef&Arpels）也如法炮制，并于1976年推出“初遇”（*First*）。矛盾的是，对于那些买不起高级定制服装、奢侈品包包或珠宝的顾客来说，香水往往是迈向奢侈品的第一步。后来，如拉格斐（Lagerfeld）的“蔻依”（*Chloé*，1976）和卡夏尔（Cacharel）的“安妮安妮”（*Anaïs Anaïs*，1978）等价格更加亲民的成衣品牌香水开始出现；此外还有被认为新嗅觉趋势领导者的设计师品牌香水，如蒙大拿（Montana）的“肌肤之香”（*Parfum de Peau*，1986）和穆勒的“天使”。

▼ 1925年左右，法国时装和装潢设计师伊曼纽尔·布利特（Emmanuel Boulet）和保罗·波烈在库尔贝瓦的“罗西纳”（Rosine）香水厂。

查尔斯·弗雷德里克·沃斯：高级时装业创始人

（1825—1895）

▲ 1922年，查尔斯·弗雷德里克·沃斯设计的晚礼服，乔治·巴比尔为此绘制一幅画作刊登在《时尚女郎》（*Gazette du Bon Ton*）上。

▲ 1924年，勒内·拉里克设计的沃斯"在夜里"香水瓶。

巴黎高级时装业是由1845年才来到巴黎的英国人查尔斯·弗雷德里克·沃斯（Charles Frederick Worth）创立的。初到巴黎时，沃斯在一家名为"加格林和奥皮格兹"（Gagelin et Opigez）的布料公司做销售员。正是在这里，他认识了自己将来的妻子玛丽·韦尔内（Marie Vernet）。沃斯热衷于给妻子设计衣服，妻子的着装也常常受到店内顾客的赞誉。后来，公司甚至给这对夫妻专门成立了一个服装部门。就这样一直到1858年，他们在和平街成立了自己的服装店。

沃斯开创性的真人展示时装发布会，为今后时装业的发展奠定了基础。一切就绪之后，他们就着手为每位顾客定制服装。与之前不同的是，他的设计都是以真人模特穿出展示的。他的妻子理所当然地成为有史以来第一位时装模特。所有的展出都有固定的日期，在富丽堂皇的沙龙里统一进行。事业上的成功使沃斯引起皇室的注意，他很快被引荐给梅特涅公主（la princesse Metternich），随后变成了欧仁妮皇后（l' impératrice Eugénie）的首席服装设计师，一时得到整个欧洲皇室的青睐。

沃斯离世后，沃斯高定由他的儿子让-菲利普·沃斯（Jean-Philippe Worth）和他的兄弟加斯顿（Gaston）共同接手掌管。在他们的管理下，沃斯时装屋影响继续扩大，给欧洲的美好年代增添了几抹优雅。再之后，加斯顿的两个儿子，让-查尔斯（Jean-Charles）和雅克（Jacques）接手经营公司。

因战争而受益

可以肯定的是，沃斯香水是随着雅克·沃斯的灵感而来的。在他的授意下，卡瑞瑟·萨隆梅香水公司（parfumeries Coryse Salomé）的调香师兼创始人莫里斯·布朗切（Maurice Blanchet）开始着手香水研发。1924年诞生的“在夜里”和1932年诞生的“我会回来”堪称其代表作。“我会回来”以水仙强烈的香气为主调，搭配茉莉、晚香玉和依兰花的清香。因为其名字的美好寓意，它在战争时期走红。美国士兵从他们所保卫的欧洲回国前，都会为妻子挑选它作为礼物。1947年，“我会回来”取得了全球性的成功，甚至可以与“香奈儿5号”或妙巴黎的“暮色香都”（*Soir de Paris*）相媲美。勒内·拉里克为这款香水专门打造了一款蓝色水晶瓶——细腻圆润的瓶身，以明亮的星月点缀，让人不禁想起温暖的夜晚。第二版香水瓶受当时新落成的克莱斯勒大厦和帝国大厦的启发，形似摩天大楼。当时的欧洲人很少有横渡大西洋的机会，对这些宏伟建筑——现代的象征——充满向往。自1941年起，罗杰·沃斯（Roger Worth）开始接管公司，其后不久公司由帕昆时装屋（la maison Paquin）将其收购。原沃斯高定只保有一个英国分支，坚持发展到20世纪70年代。

▶ 1947年R.B.诗碧雅(R.B.Sibia)为沃斯香水设计的海报。

简奴·朗万：一位母亲的热爱

（1867—1946）

13岁时，简奴·朗万（Jeanne Lanvin）进入一家小作坊做裁缝工。在那里她很快地掌握了这门手艺，并且展示出了惊人的天赋。不久，她就在圣奥诺雷街拥有了自己的店铺，但超乎想象的订单数量很快使她不堪重负，她搬到了圣奥诺雷郊区街。简奴·朗万设计风格新颖，曾为妈妈和女儿们推出母女服装系列。1896年，她与埃米利奥·迪·皮埃特罗伯爵（le comte Emilio di Pietro）结婚，并生下女儿玛格丽特（Marguerite）。从此，女儿就成了她生命的中心。简奴设计的服装简洁、浪漫而优雅。她还为女儿设计服装，并于1908年专门设立了一条童装生产线。

▲ 1925年左右，雏菊的刺绣图案。

疯狂年代与艺术的参与

20世纪20年代，浪凡时装公司迎来新的发展契机。精湛的服装生产技术、别出心裁的晚装设计以及开发的"运动"系列，满足了疯狂年代（Années folles）女性的需求。因此，浪凡雇用了1200多名员工，在法国各省以及马德里、伦敦、里约热内卢等海外城市开设分支机构。作为一名艺术爱好者，简奴热衷于收藏雷诺阿等伟大画家的作品。弗拉·安吉利科（Fra Angelico）的圣母图使她无比痴迷，她以画作中的靛蓝色为灵感，设计出了闻名遐迩的"朗万蓝"。此外，简奴身边不乏年轻有为的艺术家，如保罗·伊里贝（Paul Iribe）、尤金·普林茨（Eugène Printz）和摄影师纳达尔（Nadar）等。作为一名出色的商人、传播者和大胆创新的艺术家，她在大量的时装杂志和戏剧节目中为自己打广告。女演员是她最为中意的形象大使，她的服装使她们在舞台上时尚靓丽、楚楚动人。

简奴·朗万离世后的浪凡

1938年，萨沙·吉特里（Sacha Guitry）向简奴·朗万颁发法国荣誉军团勋章高等骑士勋位。1946年，简奴·朗万离世，由女儿担任公司继承人。1958年，简奴女儿去世，简奴的侄子伊夫斯·朗万（Yves Lanvin）接管公司。

1989年，浪凡品牌被米特兰银行（Midland Bank）收购，并于1990年被售于欧莱雅集团。2001年，浪凡品牌被欧莱雅售出，同年被Harmonic S.A.收购，变成独立品牌。2006年，浪凡二次推出“谣言”（*Rumeur*）女士香水，被看作焕发魅力的复兴之作。2008年，推出“珍妮”（*Jeanne Lanvin*）香水。

▶ 1933年的“浪凡之水”和1934年的“浪凡古龙水”。

浪凡香水：无关金钱，无关潮流，我只要完美

1923至1924年间，简奴·朗万与泽德夫人（madame Zède）联手开发香氛，勒西隆（*Le Sillon*）、多加雷斯（*La Dogaresse*）、橘子在哪里开花（*Où fleurit l'Oranger*）、我的罪（*My Sin*）等相继问世，成为品牌进军嗅觉世界的开始。1924年，浪凡香水公司正式成立。短短两年，共推出了14款香水。之后，简奴·朗万聘请保罗·瓦歇（Paul Vacher）和安德烈·弗雷泽（André Fraysse）做香水设计师。1927年，为庆祝简奴的音乐家女儿的30岁生日，他们共同推出一款全新的香水。简奴的女儿对其爱不释手，称赞道：“它简直像琵琶的声音一般灵动。”“琶音”的名字就由此而来。这款香水极为名贵，配方中尽是当时最稀缺珍贵的原料，为了与这种极致的奢华达成一致，它被装在由阿蒙德·拉提奥（Armand Rateau）操刀设计的高贵的黑色加金色的球形瓶中。之后几年，浪凡香水又相继有杰作问世，分别为：“绯闻”（1932）、“浪凡之水”（*Eau de Lanvin*，1933）、“谣言”（1934）和“超感”（*Prétexte*，1937）。

▲ 1927年的“琶音”。

保罗·波烈：首位时装设计师兼调香师

(1879—1944)

▲ 1912年4月，《风尚》(*Les Modes*)杂志封面，乔治·巴比尔插画。

1911年，保罗·波烈(Paul Poiret)创立了金融贸易公司“玫瑰心”(Les Parfums de Rosine)，他恢复了旧制度的传统，将时尚与香水融合起来。保罗·波烈1879年出生于一个布商家庭，1898年开始为杜塞(Doucet)工作，担任时装设计师，然后于1901年至1903年为沃斯工作。之后，他创立了自己的时装品牌。这位时装设计师想要提供一种崭新的自由的女性形象：温柔，优雅，衣着宽松，尤其是将女性从通过高腰连衣裙限制她们活动的紧身胸衣中解放出来。受当时流行的俄国芭蕾的启发，他色彩鲜艳的东方设计风靡一时。他的妻子丹妮丝(Denise)是他在整个巴黎的宣传大使，在安提大道(Avenue d'Antin)的私人豪宅中，波烈创造了很多令人惊叹不已的美丽夜晚。保罗为当时众多知名女演员雷雅妮(Réjane)和莎拉·伯恩哈特(Sarah Bernhardt)等设计服装。东方时尚是

波烈的女儿——罗西纳和玛蒂娜

1911年，保罗以他1906年和1911年出生的两个女儿的名字——罗西纳（Rosine）和玛蒂娜（Martine）为名，先后创立了“玫瑰心”（即“罗西纳香水”，Les Parfums de Rosine）和玛蒂娜工作室（L’Atelier de Martine）。通过与他的继父布商伊曼纽尔·布莱特（Emmanuel Boulet）、插画家法比亚诺（Fabiano）及调香师亨利·阿尔梅拉斯合作，他成功推出“玫瑰心”系列：“中国之夜”、“禁果”（*Le Fruit défendu*）、“阿拉丁”（*Aladin*）、“波吉亚”（*Borgia*）、“小丑”（*Arlequinade*）、“萨基亚”（*Sakya*）、“摩尼”(*Monni*)和“教母的香水”(*Le Parfum de ma marraine*)等作品。他的作品还包括1930年格拉塞出版社（Grasset）出版的《穿上时代服装》（*En habillant l’époque*）。高定时装秀也是他的发明。在这之前，时装设计师往往通过宫廷舞会或戏剧舞台来宣传自己的作品。他的远见卓识和超人的想象力在业内饱受认可。可惜天妒英才，波烈在1944年他的挚友让·谷克多（Jean Cocteau）等人为他举办的展览开幕前夕去世。让·谷克多早在几年前就签下了一幅画，描绘了一个穿着波烈服装的女人站在香奈儿品牌下。上面留下一个残酷而真实的传说：“波烈走了，香奈儿来了。”

香水的趣味！

在奥地利维也纳的工作室中，保罗·波烈突发奇想：这里布料、服装、珠宝什么都有，为什么不把香水加入进来呢？于是他有了将服装与香水结合的想法，并立刻付诸实践。他告诉顾客：“这件衣服很适合你，只需要在裙摆上滴上我的香水，你会变得更加令人心醉神迷。”他认为制作香水“纯粹是为了乐趣”。他自己研究香水混合，试图创造出新的气味组合。他的作品得到朋友和顾客的赞赏，这些人自然也会大方地为之买单。

▲ 1924年左右的“小丑”香水，菱形立柱的香水瓶让人想起小丑的服装，瓶口装饰着饰品。

加布里埃·香奈儿：无法抗拒的小姐

（1883—1971）

加布里埃·香奈儿出生于1883年8月19日，与毕加索、戴高乐一道被安德烈·马尔罗（André Malraux）评价为是20世纪最重要的人物之一。然而她的身世与她显赫的声望截然相反。她出生于法国索米尔的一家收容院，是一对生活于赛文山脉家境贫寒的未婚夫妇的女儿。母亲在她年幼时离世，父亲狠心将她遗弃，香奈儿只得在收容院中长大。1903年在服装店工作时，她开始用父亲在磨坊圆形大厅（La Rotonde de Moulins）做歌手时给她的绰号“Coco”在外谋生。成为香奈儿小姐之后，她用全新的方式统治着这个世界。但这一切是如何发生的呢？是什么让加布里埃·香奈儿变得如此成功？

1907年，年轻的香奈儿遇见了来自大资产阶级的年轻步兵军官艾蒂安·巴尔桑（Étienne Balsan）。听从他的建议，香奈儿随他一起去到了贡比涅附近的庄园。在这里，她发现了悠闲的上流社会生活，并开始体会到了上流嬉皮世界的乐趣。另一种女性气质越发不可自抑地在她身上展现出来，她对工作的渴望也越来越强烈。没过多久，她的愿望便实现了。1910年，她在拥有盎格鲁-撒克逊血统的马球运动员、才华横溢的商人鲍伊·卡柏（Boy Capel）的鼓舞下，在巴黎定居下来，并开设了一家女装帽子店。

她在老佛爷百货公司（Galeries Lafayette）采购草帽，再以非凡的技巧进行加工和搭配。凭借她超人的品位和朋友们的热情帮助，她取得了事业上的第一次成功。

1912年，香奈儿在多维尔开设了自己的第一家门店。多亏了在罗迪埃（Rodier）公司采买了一批针织面料，使得在第一次世界大战期间，她的生意非但没有受到重创，反而促使她涉足成衣制作。从她制作的第一件衣服问世起，她就变成了一切过时时尚的终结天使。她大胆使用在当时只存在于男性内衣的柔软针脚。她制作的女性连衣裙、水兵衫、开襟羊毛衫等柔软衣物，开创了一种全新的简单风格：凸显线条，细腻舒适，无拘无束。自此，加布里埃·香奈儿变得越发成功。

致力于女性独立

战争的结束标志着固有模式的转变。男性奔赴前线使得女性承担了更多责任，这些责任也促使她们实现香奈儿所倡导的女性独立理想。早在1917年，香奈儿无谓世俗眼光，剪短了头发，甚至穿着中性风格的白色丝绸沙滩睡衣拍照。1919年12月，鲍伊·卡柏因车祸去世，更加促使香奈儿全身心投入工作。1920年，在比亚里茨，她又被迪米特里·巴甫洛维奇大公（grand-duc Dimitri Pavlovitch）的魅力所征服。她从这位情人的衣帽间里借出一些男士运动衫和皮大衣，绣上刺绣，改成女性的服装。

▲ 1921年，漫画家塞姆向香奈儿5号致敬。

香奈儿 5 号：
“有女人味的女式香水”

1920年，在与迪米特里大公的一次旅行中，香奈儿第一次遇到俄国调香师恩尼斯·鲍（Ernest Beaux），这个即将与她一起创造香水历史奇迹的人。长期工作在克里斯&拉莱特香水实验室（Laboratoires Chiris et Rallet）使得恩尼斯拥有了超乎常人的嗅觉。交谈中，香奈儿向他透露出自己的想法：创造一种价格昂贵、无可比拟，让世上所有调香师“嫉妒”的香水。她补充说：“将所有的一切都由香水本身去诠释。在外观上，除了简单而不误导人的容器，其余什么都不要⋯⋯不要名字，只要一个数字。”就这样，1921年，香奈儿5号横空出世，成为香水历史上第一款抽象香水。它是如此的成功，以至于手工生产已经不能满足需求。1924年，香奈儿和妙巴黎的拥有者韦特海默家族的皮埃尔和保罗（Pierre et Paul Wertheimer）签署协议，成立了香奈儿香水公司，将香奈儿香水推广到全球各地。恩尼斯·鲍成为实验室的技术总监，为香奈儿开发了其他一系列香水。

“香奈儿，现代女性风格和形象的标志”

古铜色的肤色、利落的短发、纤细的身材和独特的气质，加布里埃·香奈儿开创了一种只属于她自己的风格，并被看作现代女性的化身。她融入了当时大多数艺术家、诗人和音乐家的圈子，如俄罗斯芭蕾舞团的创始人塞尔日·德·狄亚基列夫（Serge de Diaghilev）、伊戈尔·斯特拉文斯基（Igor

▲ 1957年，苏西·帕克（Suzy Parker）为香奈儿5号做广告，照片由理查德·阿维顿拍摄并由其基金会提供。

Stravinski)、毕加索、埃里克·萨蒂(Erik Satie)和让·谷克多，他们都激励着她。1924年至1930年间，香奈儿与西敏公爵(le duc de Westminster)维持了六年的情侣关系，她的风格也难以避免地趋于英国化。她热衷于条纹背心、水手针织衫、金色纽扣、贝雷帽、白色饰面和粗花呢夹克、运动外套和舒适的羊绒，这些衣服似乎没有其他的设计，只为让简单变得非凡。1932年11月，她坐落于圣奥诺雷市郊路29号的私人酒店，如一个巨大的首饰盒般，成为陈列展示她独特的高级珠宝收藏的场所："钻石珠宝系列"(Bijoux de Diamants)。

第二次世界大战爆发后，香奈儿有长达15年时间没有再出现在世人面前，一直到1954年时装店重新开业。不过这一次，她在法国罕见地失败了，她的作品受到了质疑。然而她的创造力征服了美国，她的剪裁设计获得了美国女性的青睐。1957年，她在达拉斯被授予奥斯卡时尚奖。同年，她塑造了伊丽莎白·泰勒(Elizabeth Taylor)、罗密·施奈德(Romy Schneider)或玛琳·黛德丽(Marlene Dietrich)等一众知名明星的形象。香奈儿毕生都在孜孜不倦地工作，直到生命旅途的尽头。她穷尽一生向世人声明："香奈儿，首先是一种风格。"

1921年推出香奈儿5号之后，香奈儿成为历史上第一个分支遍及全球的奢侈品品牌之一：1924年进入美国，1930年进入日本。几十年来，香奈儿从未停下脚步：力度(*Antaeus*)、自我(*Égoïste*)、可可(*Coco*)、魅力(*Allure*)、邂逅(*Chance*)、可可小姐(*Coco Mademoiselle*)、香奈儿5号低调奢华版(*N°5 Eau Première*)和5号之水(*N°5 L'Eau*)、嘉柏丽尔(*Gabrielle*)，当然还有自2007年开始推出的"专属"(Les Exclusifs)系列，旨在用伟大香水师的使命和技艺向品牌和香奈儿本人历史致敬。

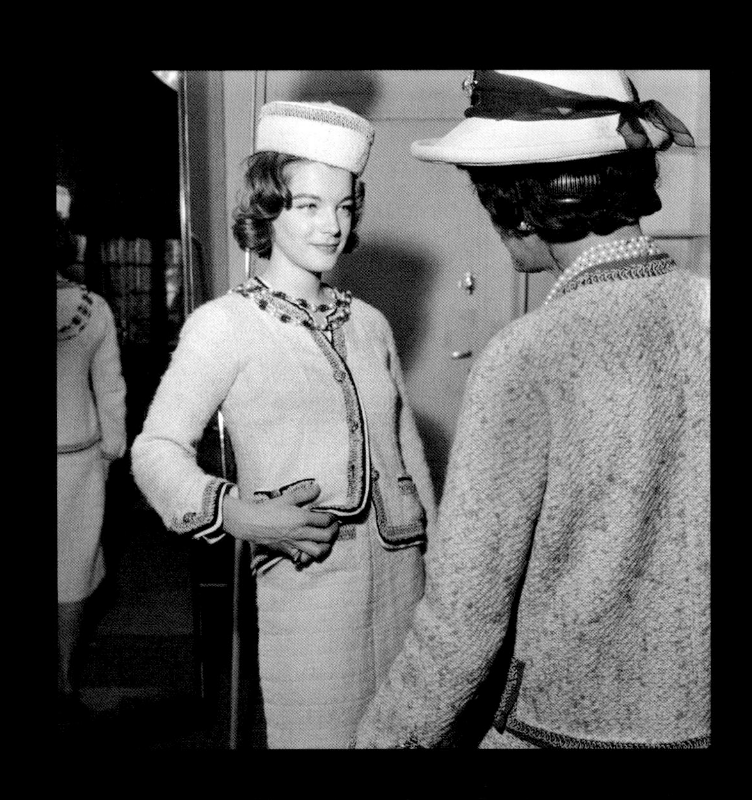

▲ 1961年，女演员罗密·施奈德与加布里埃·香奈儿试衣时。

莲娜丽姿：梦想调色师

（1882—1970）

莲娜丽姿（Nina Ricci）品牌的创始人玛丽·阿德莱德·尼纳（Maria Adélaïde Nielli）是一名意大利服装设计师。她的丈夫路易斯·里奇（Louis Ricci）是拉芬&里奇时装公司（la maison de couture Raffin et Ricci）的合伙人之一。但这家公司因拉芬的去世而倒闭。1905年，他们的儿子罗伯特·里奇（Robert Ricci）出生。同年，尼纳也作为一名服装设计师在国际上声名鹊起。1932年，尼纳在巴黎的卡普西纳街开了自己的第一家店，在儿子的支持下，几年间便取得了巨大的成功。她的设计新颖而浪漫，深受巴黎女士的喜爱。20世纪30年代，当男孩风格、长裤和短发占据主流时，尼纳别具匠心，更推崇女性气质和与之相关的东西，如诗意、优雅等。她的裙子由丰富的面料制成，无论是裁剪还是进行幅度运动，都可以尽显女性的精致和优雅。到第二次世界大战前夕，莲娜丽姿已经发展成为在卡普西纳街拥有三栋建筑、雇用着450名女工的高级时装公司。

▲ 1946年，“喜悦之心”香水。

首款香水

1946年，为了让品牌的商业活动多元化，在罗伯特的授意下，品牌的第一款香水“喜悦之心”诞生了。这款香水由杰曼·塞利埃（Germaine Cellier）创造，装在罗伯特儿时好友马克·拉里克（Marc Lalique）提供的香水瓶里。罗伯特认为，香水是女性的升华，可以与品牌时装所秉承的女性主义和浪漫主义相映生辉。1948年，该品牌最具象征意义的香水产品——“比翼双飞”香水诞生了。对于这款香水，用罗伯特·里奇的话说：“它就像是裙子一样，充满着诱惑的艺术，但更加微妙。穿香是为了提升个性，实现女人的自我理想。”作为有史以来的第一种辛辣花香，它在“赋予人个性方面堪称奇迹”，他想抓住自己那个时代的精神。1987年，罗伯特·里奇又推出了一款向母亲致敬的花香香水——“爱心”（*Nina*）。时至今日，在普伊格集团（groupe Puig）内部，莲娜丽姿依然通过其多样性的活动和高质量的创作，传承着巴黎的优雅气息，在大千世界中为女性气质喝彩。

▲ 尼纳和罗伯特·里奇的照片。

让·巴杜：“世界上最昂贵的香水”

（1887—1936）

让·巴杜（Jean Patou）于1887年出生于诺曼底，在一个皮革商家庭长大。成年后，他并没有接管家族企业，而是选择于1910年在巴黎建立自己的时装公司。这位年轻人勇于创新，大胆创造了专为上流社会设计的时尚产品，为解放自己的运动型女性和那些无忧无虑的一代年轻人制衣。它的设计在美国很快便获得了成功，他在巴黎举行时装走秀，选择与法国人身材不同的美国人为模特。其品牌代言人是网球冠军苏珊·朗格伦（Suzanne Lenglen）。1921年，当这位冠军在温布尔登穿着刚刚过膝的裙子和无袖上衣出场时，引起了巨大轰动。她本人也从事时装行业，她的品牌帕里（Parry）开设在香榭丽舍大街的圆形广场上。

◄ 让·巴杜的创作，茹茹（Joujou）的设计图纸，1924年发布。

巴杜香水

1925年巴杜"干鸡尾酒"（*Cocktail dry*）香水的问世，宣示着品牌香水历程的开始。随后，针对棕发、金发和红发等三种不同发色的女性，巴杜推出"爱情丝带"（*Amour–amour*）、"我知道什么？"（*Que sais-je？*）和"告别贞洁"（*Adieu sagesse*）香水三部曲。他还推出一款中性香水"为了他"，既可以作为男士香水，也适用于热爱运动的现代女性。1930年，华尔街股市崩盘，在陷入黑暗的经济危机的第二天，让·巴杜要求亨利·阿尔梅拉斯推出一款品牌标志性香水。这款香水要成为香奈儿5号那样的品牌代表作，同时也是"忧郁和悲观的解药"。于是诞生了"喜悦"香水。"世界上最昂贵的香水"——这是埃尔莎·麦克斯韦尔（Elsa Maxwell）随口戏谑出的广告词，却也并非信口开河。因为它采用了最昂贵最高贵的材料——玫瑰和茉莉油的精华，并且用量惊人。随后的日子里，品牌又推出了"神圣的狂乱"（*Divine folie*）、"诺曼底"（*Normandie*）和"假日"（*Vacances*）。巴杜的香水瓶均由路易斯·苏（Louis Süe，1875—1968）和安德烈·马雷（André Mare）设计，这是两位十分杰出的装饰家，巴杜在圣弗洛伦汀大街的府邸也是他们两位的杰作。

品牌发展历程

巴杜去世后，他的妹夫兼合伙人雷蒙德·比尔德（Raymond Barbas）接管了品牌，其间推出的香水产品，如"殖民地"（*Colony*）和"期盼时光"（*L'Heure attendue*）等，仍然保持了巴杜的精神。1967年到1998年间，让·凯利奥（Jean Kerléo）被任命为该品牌的调香师。自1980年起，让·巴杜的侄子让·德·莫伊（Jean de Moüy）成为公司负责人。在他任上，高级时装部门于1987年关闭。让·凯利奥的继任者是让–米歇尔·杜瑞兹（Jean–Michel Duriez），也就是巴杜的第四位负责人。2001年，宝洁集团将该品牌购入旗下。应其邀约，巴杜于2000年度推出了"愉悦"（*Enjoy*）香水。2018年，法国酩悦·轩尼诗–路易·威登集团（LVMH）成为品牌所有者，除了香水以外，集团还打算重整这家法国时装老品牌的成衣业务。

▲ 1989年让·巴杜"喜悦"的香水广告——"世界上最昂贵的香水"。

夏帕瑞丽：适度的奢侈

（1890—1973）

艾尔萨·夏帕瑞丽（Elsa Schiaparelli）出身于贵族，她的童年是在罗马度过的。1912年和1914年，她先后去往伦敦和巴黎游玩，然后嫁给了温特·德·克勒伯爵（le comte de Wendt de Kerlor）。离婚后，她定居巴黎，和画家弗朗西斯·皮卡比亚（Francis Picabia）等达达主义者交往密切，这其中也包括保罗·波烈的妹妹，正是她为夏帕瑞丽打开了时尚界的大门。1928年，夏帕瑞丽自己的时装店开张，其以超现实主义为灵感的针织衣物迅速获得成功。1935年，她将店铺搬至旺多姆广场21号，宣告自己成为巴黎的时尚女王。奢侈是她的风格，她的每个作品系列都在尽可能地展示着这一点。

反传统香水的诞生

1937年8月，夏帕瑞丽香水公司成立。同年，以"巴黎生活的残酷节奏"为主题的"震惊"（*Shocking*）香水问世。她喜欢以这样的方式为香水产品命名。这款香水诞生于她在布瓦科隆布建立的小型工厂，由鲁尔品牌（Maison Roure）操刀设计，堪称反传统的典范。这款著名的"令人震惊的玫瑰"，灵感源于夏帕瑞丽收藏的秘鲁玫瑰。它的前调是柑果香，带着绿玫瑰和蜜露的超现实气味，辅以广藿香和龙涎香的香味，后调却只有尘土和香草味。

它的包装由画家莱昂诺尔·菲尼（Leonor Fini）设

计。它的瓶身形状就像裁缝师手下的人体模型，按照夏帕瑞丽的客户之一梅·韦斯特(Mae West)的身材尺寸为标准，以性感剪影的方式呈现。香水瓶上面的一束玻璃花，设计灵感来自艾尔萨的小女孩梦。小女孩觉得自己很丑，想把自己的脸变成花园，所以就把花籽放进自己的喉咙、鼻子和耳朵里。结果当然是什么都没长出来，但小艾尔萨差点窒息而死！此外，艾尔萨·夏帕瑞丽还在瓶子的“脖子”部位系上丝带，做成一个V字形的领口，再用S型印章将其固定在腰部。所有这些装饰组合成一个精美的香水瓶，被安置在底座上，再罩上一个玻璃球罩。球罩上的珐琅花边图案，灵感则来自以前的结婚戒指。

战争年代的希望

马塞尔·维尔特斯(Marcel Vertès)为品牌设计的广告因复杂隐晦的表达而被判定为色情广告。1940年，艾尔萨为躲避战乱逃往纽约，在这之前她做了一个象征性的举动：她把“震惊”的香水瓶放在一个

▲ 1944年夏帕瑞丽的“震惊”香水广告。

的字：“震惊歌唱希望。”1945年，品牌又邀请萨尔瓦多·达利(Salvador Dalí)为“太阳王”香水打造瓶身。整个瓶子呈方砖型，扣着一顶太阳形状的盖子，上面画着一张沉思的脸。可惜的是，“二战”后，艾尔萨·夏帕瑞丽无法在时尚界立足，1954年，她的时装店和香水店相继关闭。

克里斯汀·迪奥：“传奇的时装设计师”

（1905—1957）

▲　1950年左右，工作中的克里斯汀·迪奥，摄于法国。

“迪奥（Dior），这个诞生于我们这个时代的天才，他的名字就代表了上帝（Dieu）和金子（or）的结合。”让·谷克多在评价他的朋友迪奥时，这样讲道。克里斯汀·迪奥（Christian Dior）出生在法国诺曼底的格兰维尔，一座毗邻赫赫有名的圣米歇尔山的海滨小城。他的家庭是当时典型的资产阶级。迪奥在家里五个孩子中排行第二，优渥的家境使他从小在良好的家教和私人保姆的悉心呵护下长大。自1910年起，他的亲人分居在格兰维尔和巴黎两地。迪奥异于常人的天赋从孩童时期就开始展现出来了。他对花草植物有着特殊的兴趣，绘画方面也表现出超乎年龄的造诣，他也曾提到“所有那些闪闪发光的、优美的、开着花的、轻巧灵动的东西，都足以让我分心几个小时”。然而，父母对他进入外交领域工作的期许，使他在获得学士学位后不得不放弃去艺术学院深造的愿望。从那以后，他开始期待成为一名建筑设计师。

注定开启的艺术生涯

1923年至1926年间，迪奥就读于巴黎自由政治学堂（L’École libre des sciences politiques），但他经常逃学，与同样热爱绘画的朋友相聚，参加各种与新艺术有关的活动。利用这段时间，他疯狂参加展览和聚会，任何艺术形式他都兼收并蓄。学业上的失败险些连他在爱好上的天赋一同埋没。他的父亲同意资助他开办画廊，却强烈要求家族姓氏绝对不能出现在画廊的门面上，以免损害家族声誉。1928年至1934年间，迪奥先后与好友雅克·邦让（Jacques Bonjean）、皮埃尔·科勒（Pierre Colle）一同经营画廊，展出过绘画大师克里斯蒂安·贝拉尔（Christian Bérard）、诗人马克思·雅各布（Max Jacob）、抽象派大师毕加索（Picasso）、达达主义艺术大师达利（Dalí），还有郁特里罗（Utrillo）、布拉克（Braque）、莱热（Léger）、杜飞（Dufy）、扎德金（Zadkine）等多位大师的作品。

苦尽甘来

好景不长，1929年突如其来的经济危机与糟糕的房地产经营状况使得迪奥的父亲破产，加之母亲的去世，使迪奥陷入了一个非常痛苦的时期。他被迫离开勒隆画廊（la Galerie Lelong），变得无家可归，几乎没有任何收入来源。之后他患上了肺结核，多亏了朋友们的帮助，迪奥才得以治愈。他们资助他先在丰罗默接受治疗，随后又到巴利阿里群岛进行疗养。在此期间，迪奥开始拿起画笔。他的第一幅服装手绘图，画得极其活泼生动又富有表现力，仿佛穿着这身衣服的女郎就在眼前。就这样，他开启了服装设计师的生涯。

一夜成名

1941年起，迪奥开始在著名时装设计师吕西安·勒隆手下工作。技艺的纯熟使他对眼前的工作越发不满足。终于，1946年10月8日，当时的纺织业巨头马塞尔·布萨克（Marcel Boussac）同意出资为迪奥成立自己的时装屋。1946年12月16日，迪奥时装屋在巴黎第八区蒙田大道30号的豪宅落成。雅克·鲁埃（Jacques Rouët）被任命为董事总经理。1947年2月12日，迪奥在时装屋的沙龙里推出了他的第一个名为“花冠”（Corolle）的春夏时装系列。修饰精巧的长裙、纤细的腰身、丰满的胸部曲线，赢得观众声声赞叹。这些设计是如此新奇，以致参展的人都不敢相信自己的眼睛。当时《时尚芭莎》（*Harper's Bazaar*）的总编辑卡梅尔·斯诺（Carmel Snow）在他的文章中赞叹道：“亲爱的克里斯汀，这是一场真正的革命。您的裙装带来了一种新风貌！它们都很棒，你知道吗？”就这样，迪奥被誉为“新风貌”的创作迅速征服了大西洋彼岸的美国，随即征服了全世界。弗朗索瓦斯·吉鲁（Françoise Giroud）写道：“克里斯汀·迪奥一夜成名。”迪奥的裙子成为幸福的象征，所有女性梦寐以求。

▲ 1947年的“花冠”设计中迪奥“*Bar*”系列套装，威利·梅沃德（Willy Maywald）摄于1947。

从对植物的热爱到迪奥香水的诞生

克里斯汀·迪奥从母亲那里继承了对植物学和花园的浓厚兴趣，注定了他对女士香水和花香的热爱。15岁那年，他将俯瞰大海的别墅花园打理得井井有条，并用忍冬、木犀草、天竺葵和玫瑰花等建了一个华丽的藤架。

早在1946年，克里斯汀·迪奥就萌生了推出香水产品的想法。“香水应该和他设计的每一款裙子一样，能够从瓶子里冒出来，以一种精致优雅的女性气质，包裹住每一位女性。”香水就是他宇宙里面的魔法石，是他眼中高级时装的润色和升华，能够使他的风格延续。用他自己的话说，是“画龙点睛”，或者叫作“气质的催化剂”，是一种可以令一切变得不同却又无法洞察的东西。迪奥曾说：“我想要创造香水，这种愿望丝毫不亚于我对高定设计师这一身份的向往。成为调香师，这样人们取下瓶口的木塞，脑海就会浮现我设计的服装，为所有女性打造一个令人难忘的光环。”

1947年3月，迪奥与童年的邻居兼挚友谢尔盖·海夫特勒–路易奇（Serge Heftler–Louiche）合作。利用谢尔盖曾为科蒂工作过的业内经验，迪奥创办了克里斯汀·迪奥香水。

迪奥生前设计的四款香水

克里斯汀·迪奥在1951年出版的《我是时装设计师》（*Je suis couturier*）中写道：“童年时期，我对女性最深刻的印象就是她们的香水味。那时的香水香味比今天的持久得多，以至于当她们已经离开电梯很久时，空间里依旧充满香气。”就这样，1947年2月12日，迪奥为妹妹创作的第一款香水——“迪奥小姐”（*Miss Dior*）问世了。这款香水的香水瓶由画家费尔南·凯利–克拉（Fernand Guéry–Colas）设计，由巴卡拉水晶玻璃制作而成，双耳瓶优雅的曲线也与其“花冠”高定时装系列的新风貌相得益彰。

当他的团队在为蒙田大道首家迪奥精品店做最后的完善时，迪奥曾经要求道：“多喷些香水！”他希望他的首款香水能够为沙龙增添香气，让记者和顾客在走出蒙田大道30号时，身上还带有“迪奥小姐”的香味。因此，迪奥的店铺每周会喷洒超过一升的纯香水。迪奥在世时先后推出了四款香水：“迪奥小姐”、“西洋镜”（*Diorama*）、“清净之水”（*Eau Fraîche*）和“迪奥之韵”。第二款香水“西洋镜”原计划于1948年推出，但由于经济原因推迟到了1949年。它是埃德蒙·罗尼斯卡（Edmond Roudnitska）为迪奥设计的第一款香水，也是两个人成功合作的开端。1956年“迪奥之韵”带来了满满的活力和春天万象更新的甜美气息。克里斯汀·迪奥运用了山谷铃兰，并用其他众多花朵将其簇拥其中。这款香水被肆意喷洒在模特的裙摆上。

▲ “迪奥之韵”1956年特别款，由克里斯汀·迪奥设计，搭配巴卡拉的透明水晶瓶，戴着查尔斯品牌（la Maison Charles）制作的精致金色花帽。

▲ “迪奥小姐”香水瓶，由费尔南·凯利–克拉设计，透明玻璃上印有棋盘格花纹图案，饰有黑色缎子的丝结，1949年。

◀ “真我”2011年特别款（1999年首发），由巴卡拉水晶制瓶，顶部是迪奥高级珠宝店制作的金项链。

巨大的成功，也是致命的疲惫

1948年克里斯汀·迪奥推出的“曲折”（Zig Zag）系列和“飞翔”（Envol）系列确定了18至19世纪的时尚风向。1950年，迪奥被授予荣誉军团骑士勋章。再之后不久，迪奥首部著作《我是时装设计师》出版发行。数年来，他孜孜不倦地进行时装创作，每年会推出两个高级定制系列、两个成衣系列、一个精品店系列和一个美国限定系列共六大系列。1957年，他成为首位登上美国《时代周刊》（*Time Magazine*）封面的时装设计师。1957年10月，疲惫异常的他突发心脏病去世。作为迪奥钦点的继承人，伊夫·圣·洛朗（Yves Saint Laurent）成为艺术总监。1963和1966年，迪奥公司先后推出“迪奥之魅”（*Diorling*）和“清新之水”两款香水，后者在全球范围内取得了巨大成功，遗憾的是少了两位品牌创始人——克里斯汀迪奥和谢尔盖·海夫特勒–路易奇的见证。之后，迪奥公司开始扩展业务，首个护肤系列于1973年成功发布。1999年，首席调香师弗朗索瓦·德马奇（François Demachy）创作的“真我”（*J'adore*）系列，自推出以来就是象征着对自然和高定香水奢华力量的追寻。他的香水作品，如同迪奥时装系列一样，都承载着对创始人克里斯汀·迪奥的深深敬意。

调香师的职业

对于调香师来说，鼻子不仅仅是一种嗅觉器官，更是一项身为香水制造人的声誉。它与各种香味有着不可分割的联系。调香师们从事着无法用眼睛捕捉的艺术，他们往往拥有感知和识别不同气味的罕见天赋。他们的神经中枢与记忆完美共生，带给他们独特的嗅觉情感。

▲ 为纪念娇兰170周年创作的娇兰“轻舞”香水瓶。

嗅觉的重要性

阿里斯托芬（Aristophane）说，鼻子只是用来擤鼻涕的，康德（Kant）对此保持怀疑。但很长一段时间以来，鼻子都未引起哲学领域的广泛关注，因为嗅觉被认为过于接近动物本能。这种状况从尼采（Nietzsche）开始转变，他表明：“我所有的才智都在我的鼻孔里。”菲利普·索莱尔斯（Philippe Sollers）认为“所有的欲望都发生在鼻子里”。于是，嗅觉在生活中的重要性开始被人们发觉。爱与拒绝，也就变成了无法表达出来的鼻子的事情。对于调香师而言，鼻子是职业的根基，是艺术创作的源泉，有了好的鼻子，才能找到他体内所有灵感的源泉。调香师既是艺术家又是技术员，既是巫师又是炼金术士。与无休无止机械复制配方的药剂师不同，调香师是创造者，能够触及每个生物的内在与灵魂。

嗅觉敏锐的调香师

18世纪开始，得益于拉瓦锡（Lavoisier）在科学领域的探索发现，调香师得以在更广阔的空间肆意思考、创作。他们必须接受教育，不断吸收和学习新的知识来丰富自己的技艺。在那时，香水艺术仍然处于萌芽时期。虽然调香师们的技术和作品大多还是模仿自然的产物，但进化过程是显而易见的，他们已经开始使用合成元素和情感记忆来创作越来越脱离现实的嗅觉气味。这些调香师还将顾客邀请到他们的创作梦境和想象世界中来，和他们一起进行创造。保罗・帕奎特（Paul Parquet），阿尔弗雷德・德贾瓦尔（Alfred de Javal）的合伙人，霍比格恩特香水厂（la Parfumerie Houbigant）的掌管者之一，也是这些创作先驱之一。1882年，他凭借天资设计出的“皇家馥奇”问世。佛手柑和香豆素的碰撞，让人不禁联想起树丛和它光影斑驳的氛围。1889年，艾米・娇兰将合成香精与天然元素结合，创作出“姬琪”香水，也开创了一种新制香技术的先河。后来，雅克・娇兰更是开发出了一种名为“娇兰香”（Guerlinade）的专属香迹。这种香迹隐秘而独特，就像是娇兰的DNA一样，鲜明地烙印在每一款香水产品中。到了20世纪，“嗅觉”在调香技艺中更为重要，调香师不仅需要有专业知识，更不可或缺的是创造性的直觉。

▼ 著名调香师让・卡尔斯（Jean Carles，1892—1966）的香水工坊，他不仅在格拉斯成立了第一所香水学校，还设计了“迪奥小姐”及莲娜丽姿的“比翼双飞”等知名香水。

从艺术和文学中借用词汇

香水艺术越是向前发展，其词汇就越远离香水原料，不可避免地需要借用其他领域，比如文学领域常用的词汇：音符、触感、钢管乐器、对比、节奏（音乐），基调、框架、坚固性（建筑），冷、热、辣、酸（厨房）等，离开、身体、怦然心动等其他诗意的比喻也包含其中。有了这些词汇，顾客们才能更精准地表达他们想在新款香水中渴望获得的东西。调香师们往往在管风琴般的香水试管前埋头钻研，半圆形的桌面上摆满了一排一排的小架子，架子上的小瓶装着香水的精华。通过分离和组成混合物，调香师可以获得2000到4000种不同的气味，为了将它们记住并加以区分，调香师需要每天锻炼自己的嗅觉。就像画家的调色盘，那是他们最敏感的记忆。

1921年嗅觉革命的开创者——恩尼斯·鲍

香奈儿5号香水的著名创造者恩尼斯·鲍认为，调香师首先必须对原材料足够了解，通过剖析不同的气味，形成对不同味道的完美记忆，这样才能建立起自己的“调色板”。他的作品建立在所有组合的基础之上，因而在制作过程中能够跟随自己的创作灵感，形成自己的创作风格。在灵感方面，阅读、音乐、绘画等艺术活动都是调香师的灵感源泉。对于恩尼斯·鲍来说，香水可以反映内心，重现我们失去的东西，是香水师们试图呈现的精神形象。以香奈儿5号为例，它的灵感就来自俄罗斯战争期间，在追忆“北极圈附近，午夜时分的日光下，河湖散发出的清冽气息”。

在嗅觉中追求美学

在20世纪，在香水创作中对美学的追求日益显现，真正的香水艺术应运而生。两次世界大战的间歇期是创作涌现的年代，伟大的创作者们聚起星星之火。大多数香水商都有自己的品牌和调香师，其中大部分的调香师之前都是时装品牌的创始人，如弗朗索瓦·科蒂（科蒂）、欧内斯特·达特洛夫（卡朗）、艾梅和雅克·娇兰（娇兰）。随着时装设计师进入香水行业，调香师对于品牌的依附性更强了，香水也越发成为设计师传递品牌理念和文化的一种工具。调香师与品牌的连锁反应，著名的有亨利·阿尔梅拉斯与品牌波烈和帕图、恩尼斯·鲍与香奈儿、安德烈·弗雷泽与浪凡等。

▼ 1956年，雅克·娇兰和他的孙子让-保罗（Jean-Paul）在巴黎的娇兰实验室中。

当代嗅觉大家

20世纪初，各大品牌都有自己的调香师，打造更易接受的品牌精神。如今，只有如香奈儿、迪奥、卡地亚（Cartier）、娇兰、路易威登（Vuitton）等少数几个品牌仍在延续这种传统。品牌聘请调香师为自己工作，同时在创作上给予他们极大的创作空间，不受限制地按照自己的品位创作。也有些品牌与拥有自己调香师团队的原料供应或工作室合作。营销团队往往会先起草一份简报，概述未来香水的概念，以满足品牌的期望和市场要求。在选择一个要开发的产品之前，会由几个调香师合作，提出不同的产品草案。但对于所有调香师来说，重要的是创造出一款美丽的香水，正如埃德蒙·罗尼斯卡（Edmond Roudnitska）所说："我用香水做身体，香水在我的身上，我是一台嗅觉机器。"

行业学徒制

1791年，香水商一手套制造商联合商会解散后，一些依靠嗅觉的职业在其他领域发展起来。一些香水品牌，拥有自己的内部培训体系，比如娇兰；另一些则是安排新人跟调香师作为学徒学艺。为了满足香水市场日益增长的需求，香水学校于20世纪50年代诞生。它们最初是由工业家创建，主要的学校有鲁尔（Roure）——1946年由让·卡尔斯（Jean Carles）创建，总部设在格拉斯；奇华顿（Givaudan）——1968年成立于日内瓦；ISIPCA（法国国际香水学院）——国际化妆品香水和食品香料高级研究所，1974年在凡尔赛成立。还有2011年在巴黎和格拉斯两地开始办学的法国高等香水学院（L' École Supérieure du Parfum），巴黎院校进行创意和管理方面的培训，格拉斯院校则加强了对香水的教学。

◀ 2004—2016年爱马仕御用调香师让-克罗德·艾列纳（Jean-Claude Ellena）。

嗅觉树

天然气味原料的分类，法国格拉斯国际香水博物馆。

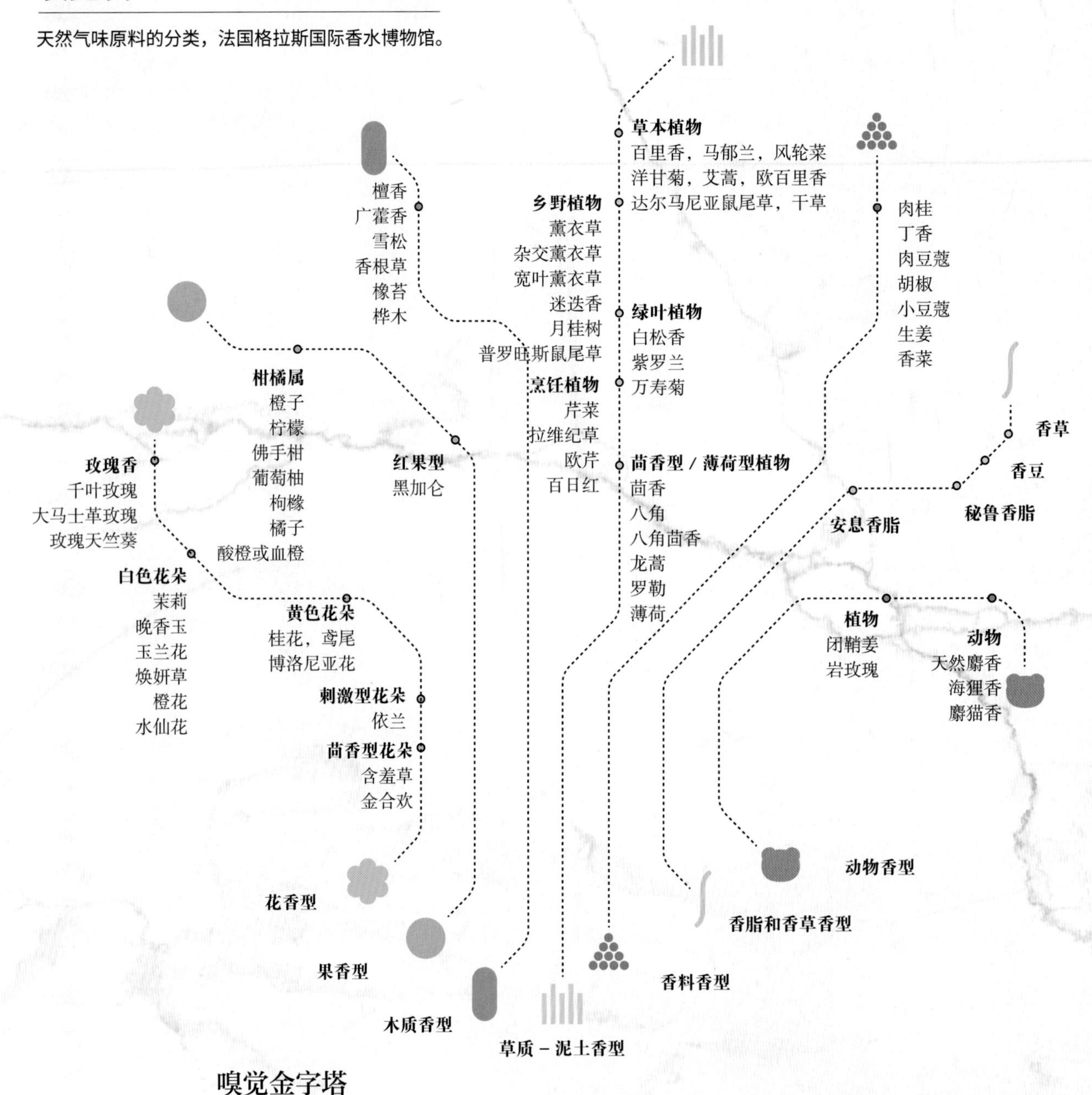

嗅觉金字塔

香水的平衡取决于原料的挥发性、浓度和持久性。香水的嗅觉分子十分活跃，并且能够相互反应。它们的碰撞有时令人心醉神迷，有时却刺鼻得令人反感。香水的味道并非同时迸发，而是随着时间的挥发程度而变化。所以，人们用金字塔模型将香味进行分类。金字塔的顶端是前调，是立即就能闻到的，最易挥发的气味，它们通常是柑橘或海洋性香气。在前调挥发之后，将会出现令人心动的花香、绿植和水果香气的中调，在脑海中浮现。最后，金字塔底部的后调是那些在喷完香水几小时后才能闻到的气味，通常是性感而持久的龙涎香、辛辣香、木质香、美食调等东方气息。香水的香味就是这样以金字塔的形式分布，由前、中、后调构成。

创造历史的香水产品

创造历史的香水数量如此之多，该如何从中做出选择呢？一些经典香水，如香奈儿5号和娇兰的“一千零一夜”，堪称是其中的传奇。它们具象化了潜意识的力量和激情，并创造出神秘的通感。这些传奇香水创造了仪式，拥有通用语言，并上升成为一种艺术品。

“西普”，科蒂（1917）

西普调是一种男女通用的中性香调，源于科蒂1917年推出的“西普”（*Chypre*，同“塞浦路斯”）。其灵感来自中世纪时期塞浦路斯岛调香师创造的“西普水”（*Eau de Chypre*）香水配方，在当时已经几乎为所有法国调香师所熟知。从前，这种香水多为男性使用，因为它的香调较“干”。到1917年，科蒂推出新的配方，使用佛手柑、橡木苔、岩玫瑰和广藿香等香料，才把这种十分优雅的香水改造成女士香水。西普调是科蒂对古老香料路线上那座遥远、神秘而梦幻的小岛的探索。他渴望的是一种似有若无、能够令人愉悦、既优雅又感性的气味。为此，他将记忆深处童年森林中的清幽香气还原出来，调制出一种去除多余土腥气的橡木苔香。这种特殊的气味，在后面出现的著名的西普调香水，如1890年香邂格蕾的“西普”（*Chypre*）和1909年娇兰的“西普巴黎”（*Le Chypre de Paris*）中，都可以被捕捉到。当时，科蒂为了平衡柑橘调的新鲜轻盈和橡木苔调的厚重，他甚至坦言曾到枫丹白露的森林中去寻找答案。后来，他选择用大量的茉莉花掩盖了泥土的气味，并巧妙地将其融合为香调的一部分。就这样，新配方完成，新香调问世。这款优雅而现代的香水一经推出就获得了巨大的成功，并在20世纪50年代再次成为热点。有香评说：“（它是）神秘而迷人的波浪，提升了棕发人的魅力。”

“罗莎女士”，罗莎 （1944）

“罗莎女士”（*Femme*）诞生于第二次世界大战结束，巴黎刚刚解放的时期。虽然当时物资匮乏，并且政府采取了严格的配给措施，但马萨尔·罗莎（Marcel Rochas）仍然希望送给他的未婚妻一份浪漫的礼物，这才有了这款“罗莎女士”香水。他曾说：“女人，要未见其人，就能先感知到她。”这款高贵的香水，孕育着和平重新降临后的第一抹香甜，取得了巨大的成功。它由大师埃德蒙·罗尼斯卡调配而成，创造性地加入了李子的果香，并以橡木苔的厚重和桃子的清新加以点缀。但最重要的是，“罗莎女士”拥有一种惊人的特质，它馥郁饱满的香气可以立即占满整个空间，给人一种非常特殊的体积上的印象。1944年，马克·拉里克以梅·韦斯特曼妙性感的丰臀“蜂”腰的身形为灵感，设计出“罗莎女士”专属的水晶瓶。“罗莎女士”就穿着这件华丽外衣在一种非常芬芳豪华的氛围中，在马提尼翁大道进行展出。芬芳四溢，当时奢侈至极的氛围彰显着它奢华、珍贵、女性化的光辉。遗憾的是，为了使香水适应大批量生产，1945年拉里克的水晶瓶不得不被经典的双耳瓶所取代，即使如此，这款香水一直都在销售。

“比翼双飞”（*L'Air du Temps*），这个充满诗意和法式风情的名字，蕴含着莲娜丽姿品牌的优雅和精致。悠扬的香味使一代又一代的女性为之着迷。里奇希望男人可以拥抱爱情，忘记打仗的念头。这款香水是调香师弗朗西斯・法伯隆（Francis Fabron）的作品，主调是康乃馨的温馨和栀子的清香，搭配上玫瑰、茉莉等花束的微妙香味，传递出一种宁静和爱的氛围。

这款香水的魅力还在于它的原料基于自然，极其简单，却达到了相当程度的复杂性和丰富性。罗伯特・里奇这样定义这款香水：“精致、年轻、浪漫而性感……是平衡、绵延、充满生命力的香水……通过时间在空气中散发出神秘的诱惑力。”此外，它的瓶身也十分浪漫，瓶身上的两只鸽子象征着和平、爱与永恒的青春。自1953年起，它的销量就开始不断攀升，80年代时达到顶峰——全世界每5秒就会卖出一瓶。

“青春朝露”，雅诗兰黛（1953）

“青春朝露”（*Youth Dew*）诞生于美国香水市场自我觉醒并试图夺回市场的时期。雅诗兰黛了解到，美国女性消费者的生活方式与欧洲女性截然不同。美国女性购买法国香水，希望能够体会她们梦寐以求的法式优雅。但她们往往更加活泼，而且一天之中只喜欢用一次香水，因此留香时间长、香味浓厚能够引人注意的香水更受欢迎。为了满足这种需求，雅诗兰黛推出“青春朝露”，意为青春的露水。它的油性质地，裹挟着龙涎香、乳香、橙子和安息香的香气渗透进皮肤，可以持久留香。以青涩的花苞、成熟的花朵做原料，巧妙运用西普调，使得香调整体充满东方神韵，沁人心脾。更重要的是，“青春朝露”虽然可以做香水使用，本质却是一种70%浓缩的香薰沐浴油，这对于现代女性消费者来说堪称创举。这款明星产品不仅风靡全球，还释放了美国人香水方面的创造力。

“璀璨”，兰蔻（1953，重置1990）

“璀璨”（*Trésor*）由阿曼达·珀蒂让设计而成，诞生于1953年，是兰蔻的第一款香水产品。它的瓶子由科蒂创作工作室的画家乔治·德尔霍姆执笔设计，是一个形似钻石，顶部有夹帽的切割玻璃瓶。帽中的圆珠设计使它可以通过飞机运输。1990年，兰蔻推出新款同名香水，“璀璨”在索菲娅·格罗斯曼（Sophia Grojsman）的设计下被赋予了新的生命。新的倒金字塔瓶，由兰蔻构思，阿雷卡（Areca）设计，最终由施华洛世奇（Swarovski）发行。新香水散发着玫瑰的花香和桃子、杏的果香，并夹杂着檀香木、香草和龙涎香的香气。它的风格与20世纪90年代女性温润、浪漫，对永恒的爱情与婚姻充满怀恋、憧憬的气质完美契合。女性开始和自己和解，接受并坚持自我。正如广告片所承诺的那样，她们相信“珍贵时刻的芬芳”力量。这款香水的广告是女演员伊莎贝拉·罗西里尼出演，她有着标志性的、容光焕发的面庞，在卢浮宫拿破仑宫廷的金字塔旁拍摄。之后，伊内斯·萨斯特雷（Inès Sastre，1996）、凯特·温斯莱特（Kate Winslet，2007）和佩内洛普·克鲁兹（Penélope Cruz，2011）先后担任这款香水的广告片女主角。

清新之水，迪奥（1966）

“清新之水”（*Eau Sauvage*）是埃德蒙·罗尼斯卡为迪奥设计的第一款男士香水，它的中性风格彻底改变了男士香水的历史。这款香水原本是男士须后水，却越来越受女士欢迎。原因是女士们希望香气可以持久而低调地陪伴，但当时的女士香水中找不到她们想要的淡雅、清透。这款香水由花和希蒂莺（hédione）构成，希蒂莺是一种带有新鲜茉莉香的醛类，首次被放到主导地位，柑橘、苦橙草、柠檬的清爽前调又与罗勒、迷迭香等基调完美结合。以花香为主调，开创了男士香水的先河，既有茉莉、玫瑰、鸢尾和康乃馨的馨香，又有橡木苔、香根草和麝香的温暖辛辣。在瓶身设计上，圆角取代了传统的直棱角，改变了男士香水刚强的印象，与香水本身的柔软、细腻、精致相得益彰。

安妮安妮，卡夏尔（1978）

1978年卡夏尔推出的“安妮安妮”（*Anaïs Anaïs*）香水引领了一种真正的社会现象级革命。当时，1968年的五月风暴余波尚存，年轻人的世界观发生改变。按照品牌创始人让·布斯奎特（Jean Bousquet）的意愿，“安妮安妮”在不二价商店（Monoprix）以非常亲民的价格推出，有意者只需花一些零花钱便可以购买到。在当时，有一些消费者认为传统的香水商店高高在上，千篇一律，找不到他们想到的“新”事物，所以他们宁愿去药店购买简单的广藿香、香草香精或简单轻便的洗漱水，也不肯拜访香水屋。就这样，药店和高级香水业被带到了对立的两面。而卡夏尔“安妮安妮”的出现为人们提供了新的选择。“安妮安妮”号称是“最柔和的香水”，它以一种既甜美又性感的气质，吸引了无数年轻人。“安妮安妮”的香水瓶放弃了浮夸的设计，表达了一种新的柔情，在这种柔情中，过去和现在交织在一起。安妮（Anaïs）是古波斯的爱神，是希腊神话中的生育女神。在花香的背景下，设计师团队采用了两种香味，对比鲜明，清新温和，纯净迷人。叠词的使用表明一个女人的多面性，如同科莱特小说中的女主人公一样，既有天真烂漫的自由灵魂，又对爱情表面下隐藏的冒险暗自期待。只用了五年时间，“安妮安妮”就成了销量冠军，并成为国际市场上的一匹黑马。这是少女的款式和实惠的价格（较传统香水低30%）联手取得的胜利。

▲ “安妮安妮”于2014年，焕新包装的“安妮原版淡香水”（*Anaïs Anaïs L'Original*）。

“冷水男士”，大卫杜夫（1988）

大卫杜夫的“冷水男士”（*Cool Water*）宣告了美式新鲜清爽风格的到来，这将是20世纪90年代水和海洋香气占主导地位下的主要趋势之一。“冷水男士”是皮埃尔·波顿（Pierre Bourdon）的作品，他通过使用与芳族蕨类相关的二氢月桂烯醇分子，将男性气息带入现代。这种分子与薰衣草的结合赋予了男士香水前所未有的新鲜感。尽管没有使用主流的海洋香调，清新的花香依然沁人心脾。这种清新也在当时的男士香水中独树一帜，将男性从咸猛阳刚的刻板印象中解放出来，体现了男性的诱惑。而龙涎香、麝香的加入，使花香没有走向女性化的极端，反而带来了恰到好处的性感。“冷水男士”绝对是清新风格的代表，如同高台跳水，水花四溅，使人顿感神清气爽。它的出现，也刺激了男性的解放，将男性从20世纪80年代阳刚之气的刻板印象中解脱出来。

"一生之水"，三宅一生（1992）

"一生之水"（*L'Eau d'Issey*）是雅克·卡瓦利尔（Jacques Cavallier）1992年为设计师三宅一生（Issey Miyake）创造的香水作品。这款香水从日本及其神秘的传统中汲取灵感，以流水为主题，并使用大剂量的西瓜酮来获取海洋香气。水是日本文化中神圣的元素，从山涧的清溪到环抱群岛的海洋，它影响着人们的生活，同时，作为佛陀完美灵魂的映射，它也是纯洁的象征。三宅一生不喜欢人为制造的香味，对他来说，"自然是最伟大的调香师"。此外，"一生之水"也是受他童年记忆启发的产物。他曾经告诉雅克："5月5日是日本的男孩节。在那天，人们会在浴盆中加入鸢尾花的叶子，沐浴的热水会拥有清新的植物香气。其他日子，人们会放厚橘皮，使橘子与浴缸的木质气息混合在一起。"三宅一生一直渴望还原记忆、还原水的味道，这对雅克·卡瓦利尔来说是个巨大的挑战：创作出一款基于露水、落在植物上的雨水等水元素，能够呵护女人的香水。

“天使”，蒂埃里·穆勒（1992）

梦想魔法师蒂埃里·穆勒1978年起就开始设计女士时装。作为一名受过训练的舞蹈家，他的设计风格强调身体线条，设计精细缜密，性感火辣。

1992年，香水市场依旧以美式的新鲜清爽风格为主导，宝格丽（Bulgari）的“绿茶”（*Eau Parfumée au Thé Vert*）和三宅一生的“一生之水”都是这种风格的作品。而“天使”香水另辟蹊径，它的故事跨越了文化阻碍，将女性带入另一种梦想与现代的世界。受母亲经常喷洒娇兰“一千零一夜”的启发，蒂埃里·穆勒想设计出一款适合小男孩梦寐以求送给母亲的香水。“天使”用一些美食调为东方调协做出了新的解释。奥利维尔·克雷斯普（Olivier Cresp）经过18个月的潜心研究，从三个角度：刺激感官的对比、清新的香气、性感的美食调，创作出了“天使”。

“天使”的力量与独创性在于广藿香与美食调的结合。它是蒂埃里·穆勒想象世界的产物，利用了神话人物、天体符号和无限空间。瓶身的天空蓝象征着自由，而星状的瓶身象征着穆勒最喜欢的意象——永恒的星，是“天使”故事的起点。

这款香水强调了女性性格的对比：温暖的香水放在冰蓝色的瓶子里，天真而感性。从女孩到女人，女性天使希望在她的多重生活中调和不同阶段的魅力与诱惑。“香味是如此的感性，以至于禁不住想要咬一口。”“天使”的存在，使美食调不再是罪恶的，而是成为现代仙女的象征。

“唯一”，卡尔文·克雷恩（1994）

卡尔文·克雷恩（Calvin Klein）推出的混合香水“唯一”（*CK One*），是由品牌调香师艾伯特·莫瑞拉斯（Alberto Morillas）创作的。当然，这并非香水界第一款以古龙水为灵感创造出来的混合香水。两年前，宝格丽的“绿茶”香水就已经使用了类似的香型。但当时的香水市场依然留有个人主义、过度使用香水等20世纪80年代遗留下来的鲜明风格，因而这款香水没有形成突破。“唯一”香水则完全不同，它的风格易于接受，价格亲民，能够激发人的信心，堪称是一款万能香水。因此，CK的第一次宣传活动以包容和互补为主题，不同种族、不同出身和不同性别的人聚集在一起，体现着普遍主义和时代革命性的精神。这种香味在盎格鲁–撒克逊精神中是干净清新的，它既不倾向男性，也不针对女性，没有偏见。简单而随意，其配方以绿茶为代表元素，伴有佛手柑、小豆蔻、菠萝、木瓜、茉莉、紫罗兰、玫瑰等原料的清香，配上麝香和龙涎香，其质朴的自然之味、持久的清新和感官上的清爽给人以惊喜。瓶身设计十分简单，用单纯的磨砂玻璃瓶，冠以简单的铝盖，并且在生态价值方面，依靠“无胶”再生纸板箱倡导环保意识，走在了时代前沿。“唯一”不仅仅是一款香水，更像是一个具有强烈个性价值的标签，它完美地引领了一代人的精神，撼动了当时的偶像，并以自我为中心，建立了持久的参考价值。

“裸男”，让·保罗·高缇耶（1995）

1983年，让·保罗·高缇耶在推出他的第一个男装系列时，已经提出了男女平等的愿望。他说：“男人应该和女人一样，有更多的选择和自由。”1993年，他推出“裸女经典”（*Classique*）香水，瓶身为身着紧身胸衣的女性半身像：这是一种颠覆性的设计，也是女性力量的表现。20世纪90年代，香水市场掀起男士香水大众化的风潮，让·保罗·高缇耶在1995年推出的“裸男”香水也起到了推波助澜的作用。与“青春朝露”和“鸦片”香水不同，“裸男”散发出一种充满性感的男性气息。它充分彰显着男性的个性，以一种颠覆、大胆而幽默的方式，将人从传统思想中解放出来。这款香水是品牌总监尚塔尔·罗斯（Chantal Ross）直接任命调香师克里斯托弗·谢尔德雷克（Christopher Sheldrake）与品牌当时年轻的调香师弗朗西斯·库克坚（Francis Kurkdjian）合作研发出来的。蕨类植物的气氛让让·保罗·高缇耶回忆起传统剃须皂和与之相关的动作，柔和的基调和香草的加入使气味更加甜美，而龙涎香等东方香料使其气味延长。香水瓶形似穿着蓝色棉质针织水手服，文着文身的人身雕塑，外包装是一个简单的铁罐。为了使它所传递的男性信号不至于太过性感和张扬，幽默的方式是必需的。这种对男性的刻板印象是女性的另一种自我。“裸男”香水就这样以一种幽默的独特姿态推动着香水和社会观念的改变，它就像一个宣言，在男性世界中创造了一个突破口。

香水瓶：收藏家的疯狂

▲ 1902—1905年，朱尔斯-勒内·拉里克（Jules-René Lalique）的气味瓶。

兰蔻的艺术总监乔治·德尔霍姆于1935年曾说过："香水瓶身是香水的肖像。"香水瓶是专业人士不断努力的主题，他们致力于提高香水的艺术感，使收藏家获得最大程度的愉悦，也是为了向调香师、玻璃制造商、纸板制作商及艺术家致敬。

堪比珠宝的古董香水瓶

希腊人、罗马人和埃及人习惯将香水保存在陶、瓦以及金属制成的罐中。公元前3世纪到公元前1世纪间，腓尼基人和巴比伦人发明了吹制玻璃，之后吹制玻璃成为最好的薄片材料。后来，穆拉诺和波西米亚地区的制造商开始认真研究这种深深吸引着伟大的凯瑟琳·德·美第奇王后（la grande Catherine de Médicis）的新艺术。凯瑟琳王后曾掀起一股收集由黄金和宝石制成的小香水瓶的风潮，她去世后，这种热情也丝毫没有消散，甚至一直持续到了瓷器开始广泛使用的18世纪。

▲ 罗马时期的彩色镀金玻璃香水瓶。

经典法式工艺

水晶的发明可追溯到17世纪，最早约于1627年出现在英国，人们在偶然间创造出了这种能够散发光泽并且声音清脆的玻璃制品。到18世纪，波西米亚水晶以其坚硬的质地和光彩夺目而取代了威尼斯玻璃，出现在了皇家宫廷里。随着1765年巴卡拉水晶玻璃工厂的开业，以及圣路易玻璃厂在香水瓶制造中的专业化，水晶制品开始备受欢迎，尤其是在法国。金匠用雕镂的金和银来装饰香水瓶，并向其中掺入碧玉或石英。装饰图案也不再是巴洛克风格的线条，而是从不同的时尚主题寻找灵感：回归自然、卢梭风格及中国工艺品。尚蒂伊地区擅长制造中国工艺品装饰的瓷制香水瓶，圣克卢地区以镀金装饰香水瓶而出名，而塞夫勒地区盛产梨形瓶。

19世纪：对香水看法的转变

19世纪，香水瓶成为无形资产的外化。除用作诱惑外，它的商业属性越发鲜明。香水企业的发展导致市场上的香水产品几乎饱和，品牌间的竞争也越来越激烈。因此，它们不得不想一些新的办法突出他们的产品。作为区别品牌最直观的元素，香水瓶被纳入了这种创新之中。虽然香水瓶对质量的要求非常严苛，但它渐渐地受到工业化的影响。水晶产品仍然备受推崇，在布里亚-萨瓦兰（Brillat-Savarin）的影响下，波西米亚、法国和英国在这种技术中脱颖而出。1870年蒸汽机的发明是一个里程碑。到了19世纪末，人们对香水看法发生转变，香水瓶、香水包装以及广告成为与香水并驾齐驱的重要选择标准。于是，香水商和设计师、广告商，以及如拉里克、巴卡拉、圣路易等大牌玻璃制造商空前紧密地联合在一起。1897至1907年间，香水瓶的订单从每天150只猛增至每天4 000只。

▶ 18世纪末，约西亚·韦奇伍德（Josiah Wedgwood）的陶瓷瓶。金属塞子上有一个小环，这样可以像吊坠一样携带瓶子。

世界各地的陶制香水瓶

瓷器制品当时只有德国、奥地利和英国能够生产。英国的切尔西工厂（la manufacture de Chelsea）专门生产头部由软木塞制成的小雕像。德国的迈森工厂（la manufacture de Meissen）是欧洲第一家使用硬浆来制作瓷器的工厂。洛可可风格、花卉、水果、东方图案和战斗场景是迈森工厂最喜欢使用的图案。18世纪是香水匣子流行的时代，小匣子中装有各种气味的小香水瓶。

▲ 1912年霍比格恩特的“皇族之花”。

▲ 1900年赫克托·吉马德的瓶子，1900年世界博览会上调香师米罗铸造的玻璃。

▲ 娇兰“香榭丽舍”香水。相传，娇兰香榭丽舍大街的专卖店香水上市推迟，激发娇兰家族生产这种乌龟形瓶子的灵感。

从新艺术运动的涡形设计到新装饰风格的几何形状

新艺术运动提倡的民主、普世等价值观也影响到了香水行业，香水被认为应该是每个人都能接触到的。1900年世界博览会期间，新艺术运动的主要建筑师和设计师赫克托·吉马德（Hector Guimard）为香水制造商费利克斯·米罗（Félix Millot）生产了模制玻璃瓶，其曲折的形状让人联想起这场艺术运动的线条。1914年，娇兰在新艺术运动的影响下，展示过一只乌龟形状的“香榭丽舍”（*Parfum des Champs-Élysées*）香水瓶。在动物主题上，平滑的瓶面展现了新艺术运动的装饰艺术。娇兰的香水瓶多数都是在巴卡拉生产的，也是装饰艺术大师乔治·谢瓦利埃工作的地方，就像1926年“吉蒂”（*Djedi*）香水的瓶子一样，体现着纯粹的装饰艺术精神。礼盒则是由绿色或金色皮革包裹的白杨木盒。1927年，“柳儿”香水诞生，瓶身创意源于中国的黑水晶茶壶或茶盒。它与普契尼的大歌剧《图兰朵》（*Turandot*）的女主人公同名，暗示着“秘密”的意思。1919年以后，受新艺术运动熏陶形成了新的装饰艺术：香水瓶越来越呈几何化，采用球形或直线型，再搭配上装饰性的瓶盖。二十世纪二三十年代的香水瓶是艺术家们反思的成果，数量繁多而且美丽非凡。

让·巴杜向路易斯·苏和安德烈·马雷采购香水瓶，他们两人共同为“诺曼底”香水设计了一款金属船等比例缩小版的瓶子，限量500份。卡隆香水聘请设计师费利西·贝高（Félicie Bergaud）用水晶、黄金和丝绸制作香水瓶。由于之前她是自成一派的服装设计师，所以她喜欢用饰物、蕾丝花边、丝带等元素进行创作，通常会在水晶瓶上涂上黄金。

活力四射的艾尔萨·夏帕瑞丽擅用鲜艳的色彩，如“震惊”的紫红色，玻璃雕花、丝带和波西米亚水晶是她喜欢的搭配。她的作品往往精致并带给人惊喜，例如“震惊”香水装饰着吹制玻璃雕花的模特身像瓶，或是“气息”的烟斗型瓶子。

▲ 路易斯·苏为让·巴杜1935年“诺曼底”香水设计的瓶子，现藏于法国格拉斯国际香水博物馆。

1925年现代工业及装饰艺术博览会

现代工业及装饰艺术博览会原定于1915年举行，由于第一次世界大战推迟到1925年4月28日至10月25日。举办地在巴黎荣军院广场、大皇宫及小皇宫之间。正是在此期间，打破19世纪风格的装饰艺术诞生了。香水展区吸引了最多的游客。虽然创作风格不尽相同，但装饰艺术风格在那里展现出来：装饰风格从精简到繁复，从强烈撞色到类似家具的黑色清漆。1919年，亨利·克鲁佐（Henri Clouzot）曾说：“香水的艺术性会随香水瓶艺术价值的增加而增加，创造新的设计，寻找新的材料，这是我们制造商要做的工作。”他也参加了1925年的展览会，并在那里获得了成功。

SHALIMAR
POISON
TERRE D'HERMÈS
N°5
CHANEL
PARIS
PARFUM

▲　1981年，萨尔瓦多·达利《克尼德的阿弗洛狄忒幻影》。

对于多方面受人尊敬的艺术家、超现实主义的象征人物萨尔瓦多·达利（Salvador Dalí，1904—1989）而言，对香水产生浓厚的兴趣是很自然的。在他看来，香水是一种艺术表现形式："在五种感官中，嗅觉是毫无疑问、最能传达不朽思想的。"1983年，萨尔瓦多·达利推出了他的第一款香水，以纪念他的缪斯女神及妻子加拉（Gala），表达他对加拉疯狂的爱。对他来说，香水是回忆和幸福时刻的"最美丽的使者"。1981年，他完成了画作《克尼德的阿弗洛狄忒幻影》（*Apparition de l'Aphrodite de Cnide*），其中瓶子的图案，据说是从美与爱的女神性感的嘴和鼻子上汲取的灵感。1983年，正是受此画启发，达利创造了"达利"（***DALÍ***）香水并在雅克马尔·安德烈博物馆（musée Jacquemart–André）展出。萨尔瓦多·达利香水公司为其发行了水

收藏典范

德乐满香水公司（la société de parfumerie Drom）的私人收藏始于1911年，最早的藏品是药剂师的瓶子。20世纪20年代开始，创始人布鲁诺（Bruno）和多拉·斯托普（Dora Storp）使藏品的种类更加丰富。1967年，厄休拉·施托普（Ursula Storp）接管公司，在他任上，公司完成了惊人壮举，收藏了从古到今的稀有收藏品近3000件，这些收藏品现在集中在德国的一家博物馆中。莱昂·奇华顿（Léon Givaudan）与他的兄弟泽维尔（Xavier）共同创立了奇华顿公司（la Société Givaudan），藏品包括100多个独特的瓶子，最久远的可以追溯至18世纪。像所有真正的业余收藏者一样，莱昂·奇华顿本能地被高品质的作品吸引，总去参观博物馆和各大展览，向专家们咨询意见。他的藏品至今仍在公司名下，所有的藏品构成了一件璀璨宏伟的艺术品。让–弗朗索瓦·科斯塔（Jean–François Costa）的收藏也非常有名。他生于格拉斯一个调香师家庭，1926年成为花宫娜（Fragonard）品牌的继承人，1965年接管了该品牌。受他的叔叔、大收藏家乔治·福斯（Georges Fuchs）的影响，他以品牌的名义在格拉斯开设了第一家香水博物馆，随后又在巴黎歌剧院附近开设了第二家。让–弗朗索瓦·科斯塔20世纪50年代开始收集香水艺术品，是一位非常有名的收藏爱好者，就其藏品的品质和多样性而言，他拥有着十分独特的艺术收藏品位。他用80多年的热情追寻着香水三千多年的历史：中世纪的香膏、埃及的化妆勺等，都可以在花宫娜博物馆的展厅里找到。这不仅关乎香水，也体现着法国人的生活艺术。

▲　首款萨尔瓦多·达利香水，1983年推出的水晶编号限量版。

香水之旅 IV

20世纪期间，合成原料成为香水的主要成分，90%左右的香水都会使用合成元素。但自2000年以来，回归自然的呼声高涨，新的发展道路出现，相关部门在全球范围内建立起来。在公元纪年第三个千年即将来临之际，自然仍然拥有无限未来，新资源的探索发现也会为它带来蓬勃生机。

▲ 一家酿酒厂中，土耳其IFF-LMR基地出产的大马士革玫瑰花瓣堆在一起。

重心转移

1939年，法国对德国宣战，导致其香水原料供应来源减少。1940年8月，日本侵占法属印度支那。同年底，泰国与法国开战，收复法国于1893年、1902年和1907年占领的柬埔寨、老挝等地领土。1954年法国失去印度支那，20世纪60年代初法国又失去了阿尔及利亚的控制权。领土的减少使许多法国工业家失去了他们的香水工厂。从20世纪50至70年代，殖民地的独立战争使世界香料贸易网络陷入瘫痪。包括布法里克的圣-玛格丽特在内的许多产业收归国有，在大约10年的时间里，许多香水商关闭了他们在殖民地开设的工厂。

保护遗产

与此同时，格拉斯地区的实业家正在面临来自大型国际集团的激烈竞争。这些集团在20世纪70年代至80年代间，收购了格拉斯商业区的大量产业，也收走了这个“香水之都”三百年来为世界各地的顶级香水商提供茉莉、玫瑰、橘子、晚香玉、紫罗兰等制香原料的顶级声誉。

在介于山海之间的锡亚涅河山谷中，茉莉花和五月玫瑰的种植正在受到威胁。房地产投机活动、花卉价格不稳定性波动和居高不下的人工成本，导致香料花卉种植用地逐渐消失。众多工厂随即关闭，开垦的田地也遭到弃置。在大约50公顷的土地上，工厂数由20世纪30年代的5000家骤降至20家左右。茉莉花的主产区先后转移到了埃及、尼罗河三角洲地区以及南印度地区。如今，这两大产区以几乎相等的份额共同提供着世界90%的茉莉花产量。大马士革玫瑰产区转移至土耳其和保加利亚。橘树转移到突尼斯。晚香玉甚至一度彻底消失，之后在印度再次出现。紫罗兰虽仍在本地种植，但来自埃及的竞争日益激烈。含羞草也是一样，它们在摩洛哥、印度的种植规模迅速发展起来。

▲ IFF-LMR培养的洛泽尔的水仙花、马达加斯加的肉桂和海地的香根草。

香水业第一个可持续发展计划出现在1986年，由原料生产商提出，旨在呼吁上游企业购买有机方式生产的原料。但即便到了今天，植物物种的多样性仍然面临着前所未有的威胁。出于这个原因，香水公司开始施行道德采购计划，以保护原产国的植物及其专利技术。这一计划催生了很多分支机构，且许多都获得了法国国际生态认证中心（Ecocert）的终身认证。这些机构如何与香水原料供应商之间建立长期合作，其中面临着多层面的挑战。其目的是履行以道德而负责任的方式引进高质量原料的使命。这些机构主要分布在亚洲和印度洋，也分布于南美洲和世界其他地方。它们通过品种引进和使用当地特有植物来保护植物遗产。此后，诸多“可持续发展”计划在世界各地蓬勃发展。例如，美国国际香精香料公司（IFF）与一些综合机构联手，深入研究土耳其玫瑰，法国鸢尾、水仙、黑加仑花，埃及天竺葵，海地香根草，马达加斯加肉桂和依兰，印度尼西亚广藿香，印度茉莉和晚香玉等。香奈儿保护新喀里多尼亚的檀香木和科摩罗的依兰；芬美意（Firmenich）保护产于巴西河谷的绿色柑橘；德之馨（Symrise）保护马达加斯加肉桂……诸多项目不胜枚举。

除此之外，世界贸易组织（WTO）鼓励正在实现政治和经济稳定的非洲国家投资这些拥有巨大发展潜力的香水原料。所有这些举措和项目都确保了香水业原料的供应安全，并鼓舞了年轻一代。为了在一定的道德规范范围内保持香水奢侈品的价值，职业意识比以往任何时候都更为重要。

坚韧的格拉斯

▲ IFF–LMR培养的五月玫瑰。

格拉斯盆地正在经历一场重新种植芳香植物的风潮。1983年，在经历了18年的积淀之后，莫妮克·雷米（Monique Rémy）从零开始创立了莫妮克·雷米实验室（LMR，Laboratoire Monique Rémy），该公司在2000年被美国国际香精香料公司收购。它的出现使高纯度产品的价格下降，也为花卉产业注入了新的活力。伟大的香水商自然懂得基于生物动态学来保护花朵产区及其专业种植技术。例如，五月玫瑰和茉莉花对于香奈儿5号的提炼至关重要，于是从1987年开始，香奈儿与格拉斯合作供应商签订协议，进而确保这些标志性花卉的稳定生产。2016年，晚香玉、鸢尾、天竺葵和玫瑰等也被囊括进来。2011年起，迪奥香水公司便在格拉斯建立了基于信任的独家合作伙伴关系，从而确保以手工和有机方式在当地种植玫瑰和茉莉花。

诱惑的武器

无论古代还是现代，诱惑与香水都有着密切的联系。毫无疑问，香水是最古老的情欲的同谋，它是诱饵，是柔软的想念，也是致命的攻势。不同的身姿、神态搭配着不同的香味，香水的使用像是复杂严密的战略，不断蔓延。

穿香仪式

香水一直以来都是强大的诱惑武器，同时也是一种自控力的标志。这种自我控制，体现在穿香者严谨的态度和仪式中，并在亲密的环境中显露出来。这些“女人的把戏”往往十分认真：她们把香水轻柔地涂抹在肌肤上，喷洒在柔顺的发梢上，或是将一滴香水不偏不倚地滴在耳朵正后方，手腕脉搏跳动的地方和膝盖后方凹陷处也是被人偏爱的圣地。这些穿香仪式充满神圣的色彩，往往能够让男人和女人陷入狂喜之中。显然，没有人比加布里埃·香奈儿更懂香水与诱惑，她总结了这一仪式，建议女性将香水涂抹在渴望被亲吻的部位。

▲ 《约会前》（*Avant le rendez-vous*），一个穿着睡衣的女子在喷洒香水，罗伦兹（Lorenzi）发表于1926年4月《微笑》（*Le Sourire*）杂志上的插画。

女性

女性有一种大音希声的力量，总是能从隐秘之中散发魅力与气质。歪一歪头，晃一晃手腕，不经意的小动作就可以将她们与生俱来的优雅展现出来，显示出自己的魅力。早在19世纪末，女性和她们的闺房就出现在广告中，她们在梳妆台前端坐，散发着诱人的馨香。香水变成了一种装饰品，和晚宴的盛装绑定在一起。这些广告反映了当时女性的现实生活，以当时社会地位较高的女性为切入点（从她们的服饰和侍女在其身边就能证明这一点），描绘了"女性生活的各个阶段"。通过这些广告，人们可以感受到使用香水的喜悦和乐趣。即便是古龙水，也由护理用途变成了一种愉悦身心的选择。广告刺激着人的感官，唤醒了人的愉悦心情，诱使人们品尝到能够渗透全身的微妙香气。

◄ 香水，手势，1943年劳尔·阿尔宾·吉洛（Laure Albin Guillot）拍摄。

恰当的香水，恰当的剂量

20世纪20年代，不同酒精浓度的香水开始涌现。当时，一位时髦的女性早、中、晚要换三套不同的衣服。白天习惯性得体，夜晚自由散发魅力。香水自然而然也是如此。珍贵的香水要被珍藏，用到优雅的夜晚、浪漫的约会等特殊场合。

▲ 汉姆西克（Hemjic）签名版"罗比（Robj）香炉"，1921年新闻广告。

香水武器

那些历史上伟大的诱惑者，无论男女都从未掩盖过他们对香味的依赖和诉求。甚至有些时候，他们会使用有毒的香水来达到目的。作为爱情信息的使者，香水超越了诱惑。从古代到20世纪初，香水一直被传奇人物赋予所属时代的前沿特性，并为其度身定做诱人的光环。

从古埃及开始，香水在男女之间的诱惑关系中就占有非常重要的地位，正如贤者普塔霍特普（Ptahhotep）所说："如果您是一位理性而有成就的男人，请以真心忠诚地爱您的妻子。令她满意，给她穿衣，让她知道香水是对身体最好的护理。"

不过在古代，气味这种绝对的爱的感觉，和香水一并被认为是人类残存的兽性，并且因为其释放的激情和冲动而受到鄙视。在气味的控制下，爱可以导致死亡。爱神与死神对立时，那些含硫黄、迷人、有麻醉型的香水也可能变成"心脏的毒药"。有时，香水会呈现出巫术和邪恶的色彩。长期以来，香水一直被用来掩盖有毒的气味，例如在文艺复兴时期，美第奇家族的香水环和芳香手套掩盖了有毒的气味。蒙特斯潘是路易十四最爱的情妇，她曾是香水和毒药的绝佳爱好者，她知道如何利用其邪恶力量来对抗她的对手，尤其是用晚香玉的香味。

希巴女王和所罗门王：公元前 10 世纪，芬芳的东方赞歌

"您的香水闻起来很甜美，您的名字就是香水的代名词。"以色列国王所罗门的这首雅歌（le Cantique des Cantiques，第一章第三节）颂扬了所罗门王和希巴女王初生的爱情。被称为"黑美人"的希巴女王统治的王国从厄立特里亚一直延伸到也门。这片非洲之角生产乳香、没药、麝香和龙涎香等最珍贵的香水原料。这些历史悠久的成分被恋人们抹在身上，芳香的气氛激发着爱欲和强烈的激情。所罗门神庙中摆放着由黎巴嫩的雪松和芬芳的杜松制成的约柜（Arche d' alliance），也证明了所罗门王对美好气味的偏爱。14世纪，埃塞俄比亚人的著作《凯布拉·纳格斯特》（*Kebra Nagast*）中有关于所罗门王和希巴女王爱情的记述。据说女王最初拒绝了国王的求爱，国王接受了她的拒绝，但有一个明确的条件，即她不想得到宫殿里的任何一样东西。女王欣然答应。晚宴中，所罗门王故意请女王吃极为辛辣的食物，女王为了解辣，就天真地向国王要水。国王为了满足她，直接让一条河流改道。于是女王被国王的温柔征服了，她与国王结合，并生下儿子梅内利克（Ménélik）。

▲ 希巴女王巴尔奇斯（Balqis）手持写给所罗门王的情书，套色版画，1590—1600年左右。

克里奥佩特拉和马克－安东尼：公元前 1 世纪，埃及与罗马的嗅觉相遇

埃及艳后克里奥佩特拉（Cléopâtre）的诱惑也是一个和香水相关的故事。布莱斯·帕斯卡（Blaise Pascal）曾说：“（女王的鼻子）如果变短了，整个世界都会变得不一样。”她的恋人们也都被她迷人的香气支配和奴役。怀着复兴埃及的野心，艳后毫不犹豫地用自己的万种风情征服了凯撒大帝（Jules César）和马克－安东尼（Marc-Antoine）。与安东尼约会时，女王穿着华服，命人在接她的渡船上燃烧香料。莎士比亚的悲剧里这样写道，船上的帆“如此芬芳，使周围的风都倾泻着欲望”。按照埃及的传统，女王的身上还涂抹着供众神和法老使用的神油。没药（埃及人的香料）、香草、柑橘和花朵都被用作这种神圣混合香精的原料。

马克－安东尼的美貌和香气也毫不逊色。罗马文化非常重视香体和沐浴，安息香、芦荟、藏红花、麝香、龙涎香——所有这些供奉给罗马万神殿众神的香气——守护着帝国显贵们的身体。这种充满香气的激情，把这对恋人连在一起，直至死亡。

◄ 威廉·莎士比亚的戏剧《埃及艳后》（Marc-Antoine et Cléopâtre）中的场景，出自19世纪克里斯蒂安·奥古斯特·普林兹（Christian August Printz）的石版画。

凯瑟琳·德·美第奇和她的调香师勒内·勒·弗洛伦丁：16世纪，意大利嗅觉时尚征服法国

1533年，凯瑟琳·德·美第奇嫁给了未来的亨利二世，进入了法国宫廷。她的私人调香师雷纳托·比安科（Renato Bianco）一同入宫，并更名为勒内·勒·弗洛伦丁（René le Florentin）。在当时，佛罗伦萨是欧洲的香水之都之一，它的药房及由僧侣经营的圣塔玛利亚诺维拉（Santa Maria Novella）为意大利的贵族提供着数量繁多的香水。成为法国皇后后，凯瑟琳很快把意大利香水、香薰手套和随身装的香精瓶作为潮流引入法国。多亏了她，因放弃洗浴而坠入黑暗的嗅觉世界重新出现色彩。聚会是洒香的完美借口。无数香水被倒进喷泉里，或是浸透在扇子、珠宝、面具及珍稀鸟类的羽毛中。这种热潮也不恰当地为滥用香水提供了庇护。钩心斗角的宫廷里面，有人专门在香气中使用毒药。凯瑟琳的御用调香师勒内就曾受到指控，说他用自己炉火纯青的造香技术制造有毒的药水、香囊、手套等。

▼ 17世纪70年代路易十四家族成员，神话题材的异装癖者，17世纪让·诺克雷特（Jean Nocret）的画作。

17世纪，路易十四和蒙特斯潘夫人

路易十四使凡尔赛宫成为精致优雅的典范，香水一方面成为臣民彰显身份地位必不可少的配件，另一方面在那个卫生条件仍然很差的年代，隐藏了人们不想要却又无可避免的体味。凭借政治和爱情上的辉煌成就，路易十四被称为“太阳王”，在这一过程中，少不了麝香、海狸香、橙花等气味盟友的帮助。他的最爱——国色天香而又令人敬畏的侯爵夫人——蒙特斯潘，像苏丹娜女王般在凡尔赛宫随心所欲。当她失去国王的喜爱时，她把自己藏进香水里，渴望通过这种方式挽回君心。她所使用的香水，多是由百合、曼陀罗、晚香玉及香味浓重的花制成，能使人昏迷沉醉，也掩盖了有毒的气味。当然这样做并没有收到成效，由于被怀疑除掉了另一名妃子，她最终被驱逐出了凡尔赛宫。统治末期，路易十四也变得残酷起来，他开始对自己年轻时喜欢的香味感到厌倦，并且会疏远那些穿香的宫廷女士。即便是寒冷的冬天，他也会毫不犹豫地打开窗户，将空气中自己不喜欢的香味赶走。

卡萨诺瓦和玛丽－安托瓦内特：启蒙时代的香水

卡萨诺瓦（Casanova）和玛丽－安托瓦内特王后都生活在启蒙时代，享受着安逸甜美的生活。在此期间，香水作为诱惑帮凶的属性比以往任何时候都更为猛烈。

贾科莫·卡萨诺瓦（Giacomo Casanova）是意大利的冒险家，是自由解放和风流随性的代表人物。他的《回忆录》中记述着自己122次传奇的冒险，在这其中，香水及其赋予的诱惑力是他收获爱情的秘密武器。浸泡过玫瑰精油的手帕、撒过鸢尾花粉和丁香粉的头发、带有香草和琥珀味的糖衣果仁……这些都是卡萨诺瓦的必备品，对气味炉火纯青的掌控使他能够操控人的心灵。卡萨诺瓦这个传奇的名字代代流传，这个名字已经成为持久而精致的代称和嗅觉烙印，对于那些想借香气唤起欲望的人来说，这是个完美的先例。

玛丽－安托瓦内特以其年轻美丽的面容和青春的活力征服了法国，受到人民的爱戴。豪华的浴室、精致的妆容、量身定制的香水成为一种时尚，不断增强她在时尚界的影响力。她的御用调香师让－路易·法赫基翁还从特里亚农和维也纳的气氛中受到启发，为女王陛下度身定制香水：女王的象征——玫瑰，加上鸢尾、麝香、紫罗兰、晚香玉、茉莉花、香草、香木和安息香等组成了一个豪华的配方。这种诞生于皇家的香迹，有着让人意乱情迷的魔力。

▶ 《法国王后玛丽－安托瓦内特》（*Marie-Antoinette, reine de France*），伊丽莎白·维格－勒布伦（Élisabeth Vigée-Lebrun）绘制，1783年。

拿破仑一世和欧仁妮皇后：波拿巴的芳香传奇

在波拿巴家族，皇帝与他们的妻子对香水有着相同的热忱。从拿破仑一世到欧仁妮皇后，香水的过度使用是整个帝国时期的鲜明特征。拿破仑一世每个月能用掉大量的古龙水。他在巴黎的主要香水供应商有让–玛丽·法里纳、热尔韦–夏尔丹（Gervais–Chardin）、杜罗什洛（Durochereau）和J. 泰西尔（J. Teissier）。对气味的敏感使拿破仑对约瑟芬（Joséphine）极为冷漠，因为她散发着类似麝香的令人焦躁不安的气味。这种厌恶甚至导致了婚姻的失败。与约瑟芬离婚后，拿破仑等不及1810年与奥地利的玛丽·路易丝（Marie–Louise）的宗教婚姻庆典，违反礼节进入了她的闺房。那时玛丽只穿了一件睡衣，但充满了古龙水的香气。

精致而充满诱惑的欧仁妮皇后则对自己对奢侈品的喜爱毫不掩饰，她狂爱香水，尤其是广藿香香水，并且对冷霜（cold cream）——一种在英国很受欢迎的古老化妆品——爱不释手。皇后虽有时被贬轻浮，但还是常会因优雅而受人赞美，散发着迷人的魅力。在她的鼓励下，拿破仑三世非常重视香水业的发展。她同时是一款大牌香水的缪斯女神。1853年，皮埃尔·弗朗索瓦·帕斯卡·娇兰为她创作出"帝王之水"；1854年，信仰（Creed）品牌在巴黎开设第一家精品店，并以此为契机，将香水"皇后茉莉"（*Jasmin Impératrice Eugénie*）献给她。

▲ 欧仁妮皇后的版画。

路易丝·布鲁克斯与男孩：自由的气息

▲ 1930年，美国女演员路易丝·布鲁克斯在奥古斯托·吉尼纳（Augusto Genina）的电影《美人》（*Prix de Beauté*）中饰演露西安娜·加尼埃（Lucienne Garnier）的照片。

玛丽·路易丝·布鲁克斯（Mary Louise Brooks，1906—1985）的母亲是位坚定的女权主义者，受母亲的影响，玛丽对独立思想和自由意志充满向往。她利落的短发和似男人般调皮的面庞在派拉蒙影业公司（Paramount）独树一帜。大方的个性和精致的装扮，为她赢得一众独立女性、黑帮女友和舞者的角色。第一次世界大战后，人们的思想获得独立，玛丽·路易丝·布鲁克斯成为时尚的化身，成为一代人的偶像。在她这种风格和气质的影响下，头发和衣服都变短了。香水——这种时代的镜子——也悄然变换了风格。1919年，卡朗推出“金色烟草”，一种自由和中性优雅的象征，是对弗吉尼亚金色香烟及其粉丝的致敬。1921年，加布里埃·香奈儿委托恩尼斯·鲍创作了“拥有女人味的香水”——香奈儿5号。抽象的概念取代了具体的花香型。不幸的是，疯狂年代很快就被史无前例的灾难所取代，突然爆发的“黑色星期四”摧毁了数百万计的美国人。寄托着重建的美好寓意，让·巴杜创作出蕴含丰富嗅觉的“喜悦”香水，这款香水也获得了玛丽·路易丝·布鲁克斯的喜爱。

谢尔盖·迪亚吉列夫和俄罗斯芭蕾舞团：东方的狂热

迪亚吉列夫（Diaghilev）出生于一个高贵的音乐家庭，于1907年创立了俄罗斯芭蕾舞团（Ballets russes）。他举办的每场演出都独一无二，吸引着众多的舞者、诗人、画家和音乐家。迪亚吉列夫在主题、舞步、布景上都进行着大胆的创新。他吸收受东方灵感启发的设计师莱昂·巴克斯特（Léon Bakst）的风格，采用著名艺术家瓦斯拉夫·尼金斯基（Vaslav Nijinski）的作品《牧神午后前奏曲》（*Prélude à l'après-midi d'un faune*）。这首歌在当时颇有名气，因为它的内容对部分听众来说已经露骨到了难以入耳的地步。但不可否认的是，它也使男性舞蹈重新成为焦点。在每次演出前，迪亚吉列夫都会在夏特莱剧院（théâtre du Châtelet）的帷幕上喷洒雅克·娇兰1919年制造的"蝴蝶夫人"香水。它也是最早的西普调香水之一。这种调协最早出现于1917年科蒂的香水"西普"中。

后来，因为对后宫传说中的梦幻中东和精致而神秘的远东的向往和迷恋，这种异国风味被称为东方香调。1911年，时装设计师保罗·波烈创立了自己的品牌"玫瑰心"，他迎合这种时尚，推出了"阿拉丁"和"中国之夜"。这种对黎凡特香水的狂热也是新的嗅觉家族——东方香调的源头。这种调协以龙涎香、甜香和香草味为特征。

▲ 《天方夜谭组曲》（*Shéhérazade*）中的瓦斯拉夫·尼金斯基和伊达·鲁宾斯坦（Ida Rubinstein），1913年由插画家乔治·巴比尔绘制。

图片版权说明

P. 8 : Mazovian Museum, Plock, Poland. Ph. © Bridgeman Images. P. 10: Ph. © José Nicolas/Naturimages. P. 11 : Ph. © Museum of Fine Arts, Boston. P. 12: Ph. © The Walters Art Museum. P. 13 : Ph. © Musée du Louvre, Dist. RMN-Grand Palais/Thierry Ollivier. P. 14: Ph. Coll. Archives Larbor. P. 15: Musée National du Bardo, Tunis. Ph. © Valérie Perrin. P. 16 g: Ph. © The Metropolitan Museum of Art, New York. P. 16 d: Ashmolean Museum, University of Oxford, UK. Ph. © Ashmolean Museum/HIP/ Leemage. P. 17: Ph. © Luisa Ricciarini/Leemage. P. 18 ht: Ph. © The Metropolitan Museum of Art, New York. P. 18 bas: Ph. © Collection Dagli Orti/Jane Taylor/Aurimages. P. 20 ht g : Ph. Coll. Archives Larousse. P. 20 bas d: Ph. Coll. Archives Larbor. P. 21 ht g et dans le sommaire: Ph. © The New York Public Library. P. 21 m d: Ph. © François Guénet/akg-images. P. 22: Ph. © De Agostini Picture Lib./G. Dagli Orti/akg-images.P. 23: Ph. © Werner Forman/akg-images. P. 24: Ph. © The Cleveland Museum of Art. P. 25 ht: Ph. © Werner Forman Archive/Bridgeman Images. P. 25 bas: Ph. © Getty Villa, Malibu. P. 26: Ph. © The Metropolitan Museaum of Art, New York. P. 27 ht: Ph. Coll. Archives Larbor. P. 27 bas g: Ph. © Erich Lessing/akg-images. P. 28: Ph. © The Metropolitan Museum of Art, New York. P. 29 ht g: Museo Nazionale Romano delle Teme, Rome. Ph. ©Nimatallah/akg-images. P. 29 ht d : Ph. © The Metropolitan Museum of Art, New York. P. 30: Ph. © Aisa/Leemage. P. 31 ht d : Ph. © Villa Getty, Malibu. P. 31 m: Ph. © The Metropolitan Museum of Art, New York. P. 31 bas d: Ph. © Villa Getty, Malibu. P. 32: Ph. Coll. Archives Larbor. P. 33: Museo Civico d'Arte, Palazzo dei Musei, Modène. Ph. © Deagostino/Leemage. P. 34ht d: Ph. © The New York Public Library. P. 34 m : Ph. Coll. Archives Larousse. P. 35: Musée du Louvre, Paris. Ph. © Werner Forman/akg-images. P. 37 ht: Ph. © Album/ Prisma/akg-images. P. 37 bas: Ph. Coll. Archives Larousse. P. 38 ht d: Ph. © The Metropolitan Museum of Art, New York. P. 38 bas d: Ph. © Wellcome collection. P. 39 : Ph. © Wellcome Collection. P. 40: Musée du Louvre,Paris. Ph. © RMN-Grand Palais/Franck Raux. P. 41 ht: Ph. © Wellcome Collection. P. 42 : Ph. © The Metropolitan Museum of Art,New York. P. 43: Ph. © Wellcome Collection. P. 44 ht g: Ph. © The Metropolitan Museum of Art, New York. P. 44 bas d: Ph. © British Library/akg-images. P. 45: Ph. Coll. Archives Larbor. P. 46: Musée du Louvre, Paris. Ph. © RMN-Grand Palais/Franck Raux. P. 47: Ph. © Rijkmuseum, Amsterdam. P. 48 g: Ph. © Library of Congress, Washington. P. 48 ht d: Ph. © Wellcome Collection. P. 49: Ph. © The Holbarn Archive/Leemage. P. 50: Ph. © Minneaopolis Institute of Art. P. 51: Ph. © WellcomeCollection. P. 52 ht d: Ph. © BIU Santé/res000033. P. 52 g: Ph. © Alix Marnat. P. 53 g : Ph. © Bernard Bonnefon/akg-images. P. 53 d: Ph. © Wellcome Collection. P. 54: Ph. © The Metropolitan Museum of Art, New York. P. 55: Ph. © The Metropolitan Museum of Art, New York. P. 56: Ph. © Roland et Sabrina Michaud/akg-images. P. 57: Ph. © The Metropolitan Museum of Art, New York. P. 58: Ph. © François Guénet/akg-images. P. 59: Ph.© Carlo Barbiero, Coll. Musée International de la Parfumerie, Grasse-France. P. 60 : Ph. © François Guénet/akg-images. P. 61: Ph. © Archives Guerlain. P. 62 ht : © Serge Lutens. P. 62 bas: Ph. © Archives Guerlain. P. 63 ht: © Musée Yves Saint Laurent,Paris/Sophie Carre (2018). P. 63 bas: Ph. © The Metropolitan Museum of Art, New York. P. 64: Château de Versailles. Ph. © RMN-Grand Palais/Franck Raux.

P. 65 : Ph. © Les Arts Décoratifs, Paris/Jean Tholance/akg-images. P. 66 : Ph. © National Museum, Stockholm. P. 67 ht : Ph. © Heritage Images/Fine Art Images/akg-images. P. 67 bas d : Ph. © The Metropolitan Museum of Art, New York. P. 68 ht g : Ph. © Musée Carnavalet /Roger-Viollet. P. 68 bas d : Ph. H. Josse © Archives Larbor. P. 69 : Ph. © Christie's Images/Bridgeman Images. P. 70 : Ph. © Christie's Images/Bridgeman Images. P. 71 : Ph. © Houbigant Paris. P. 72 : Ph. © Roger-Viollet. P. 73 : Ph. © Cleveland Museum of Art. P. 74 : Ph. © The Metropolitan Museum of Art, New York. P. 75 : Ph. © Rijkmuseum, Amsterdam. P. 76 : Ph. © akg-images. P. 77 : Ph. © BIU Santé/dos000342. P. 78 : Ph. © Patrimoine Roger&Gallet. P. 79 : Musée du Louvre, Paris. Ph. © RMN-Grand Palais/Jean-Gilles Berizzi. P. 80 : Ph. © FineArtImages /Leemage. P. 81 : Ph. © Bibliothèque Villa Saint-Hilaire, Grasse. P. 82 : Ph. © DR. P. 83 : Ph. © DR. P. 84 : Ph. BIU Santé/P15260. P. 85 ht d : Ph. © François Guénet/akg-images. P. 85 bas g : Ph. © Archives Guerlain. P. 86 : Ph. © BIU Santé/Res008536. P. 87 : Ph. © Archives Guerlain. P. 88 : Ph. © François Guénet/akg-images. P. 89 : Ph. © Collection IM/Kharbine Tapabor. P. 90 : Ph. © Collection IM/Kharbine Tapabor. P. 91 : Ph. © François Guénet/akg-images. P. 92 : Ph. © Coll. Musée International de la Parfumerie, Grasse-France. P. 93 : Ph. © Archives Larousse. P. 94 ht d : Ph. Coll. Archives Larousse. P. 94 bas g : Ph. © Coll. Musée International de la Parfumerie,Grasse-France. P. 95 : Ph. © Patrimoine Roger&Gallet. P. 96 : Ph. © Patrimoine Roger&Gallet. P. 97 : Ph. © Patrimoine Roger&Gallet. P. 98 : Ph. © Imagno/Austrian Archives/akg-images. P. 99 : Ph. © Association François Coty. P. 100 ht : Ph. © Association François Coty. P. 100 bas g : Ph. © Musée Carnavalet/Roger-Viollet. P. 101 : Ph © Coll. Musée International de la Parfumerie, Grasse-France. © ADAGP, Paris, 2019. P. 102 : PH. © Bonhams, London, UK/Bridgeman Images. P. 103 m g : Ph. © Éric Maillet. © Lancôme. P. 103 bas d : Ph. © Hondo Digital. © Lancôme. P. 105 : Ph. © MP/Leemage. P. 106 ht : Ph. © Houbigant Paris. P. 106 bas : Ph. © Archives Guerlain. P. 107 : Ph. © Dazy Rene/Bridgeman Images. P. 108 : Ph. © Bibliothèque des Arts Décoratifs, Paris/Archives Charmet/Bridgeman Images. P. 109 : Ph. © Look and Learn/Bridgeman Images. P. 110 : Ph. © Look and Learn/Valerie Jackson Harris Collection/Bridgeman Images. P. 111 : Ph. Coll. Archives Larousse. P. 112 : Ph. © Nyodo News/Getty Images. P. 113 : Ph. © Sylvain Sonnet/Hemis.fr. P. 114 : Ph. © Selva/Bridgeman Images. P. 115 : Ph. © IM/Kharbine-Tapabor. P. 116 m d : Ph. © Association François Coty. P. 116 bas g : Ph. © BIU Santé/P15270. P. 117 : Ph. © BIU Santé/res008536. P. 118 m g : Ph. © BIU Santé/res008536. P. 118 bas d : Ph. © François Guénet/akg-images. P. 119 : Bibliothèque Forney, Paris. Ph. © François Kollar/Roger-Viollet. P. 120 : Ph. © Coll. Musée International de la Parfumerie,Grasse-France. P. 121 : Ph. © Patrimoine Roger&Gallet. P. 122 : Ph. © François Guénet/akg-images. P. 123 : Ph. Coll. Archives Larousse. P. 124 : Ph. Nadar Coll. Archives Larbor. P. 125 : Ph. © FrançoisKollar © Ministère de la Culture - Médiathèque du Patrimoine, Dist. RMN. P. 126 : Ph. © Ed Feingersh/Michael Ochs Archives/ Getty Images. P. 128 : © CHANEL Photo Patrick Demarchelier/Daniel Jouanneau. P. 129 : Ph. © Jean-Marie Perrier/Photo 12. P. 130 : Ph. © Baccarat. © Salvador Dalí, Fundació Gala-Salvador Dalí/ADAGP, Paris, 2019. P. 132 : © Cristallerie de Saint-Louis. P. 133 : © Cristallerie de Saint-Louis. P. 135 : Ph. © Kai Jünemann. P. 136 : Musée Calouste Gulbenkian, Lisbonne. Ph. Coll. Archives Larbor. P. 137 : Ph. © Patrimoine Roger&Gallet. P. 138 : Ph. © Enguerran Ouvray. © Groupe Pochet. P. 139 : Ph. Coll. Groupe Pochet. P. 140 : Ph. © Christian Dior Parfums, Paris. P. 141 : © Houbigant Paris. P. 142 : Ph. © PVDE/Bridgeman Images.

P. 143 g: Ph. © Archives Larousse. P. 143 d: Ph. © François Guénet/akg-images. P. 144: © Davidoff Parfums/Coty. P. 145: Ph. © Jean-Baptiste Mondino. Courtesy Jean Paul Gaultier/PIUG. P. 146: Ph. © Private Collection/Archives Charmet/Bridgeman Images. P. 147: Ph. © Boris Lipnitzki/Roger-Viollet. P. 148 m g: Ph. Coll. Archives Larbor. P. 148 bas : Ph. © François Guénet/akg-images. P. 149: Ph. © Archives Larousse. P. 150: © Patrimoine Lanvin, Paris. P. 151 g: © Patrimoine Lanvin, Paris. P. 151 d: © Patrimoine Lanvin, Paris. P. 152: Ph. © Galliera/Roger-Viollet. P. 153 : Ph. © BIU Santé/res008536. P. 154: © CHANEL. P. 155: © CHANEL. © Sem. P. 156: Ph. © Richard Avedon.© 1957 The Richard Avedon Foundation. P. 157: Ph. © BOTTI /STILLS/GAMMA. P. 158:© Nina Ricci/ PIUG. P. 159: Ph. © Nina Ricci/PUIG. P. 160: Ph. O.Ploton © Archives Larousse-DR. P. 161: Ph. Coll. Archives Larousse-DR. P. 162: Ph. © Coll. Musée International de la Parfumerie, Grasse-France. P. 163: Ph. O.Ploton © Archives Larousse-DR. P. 164: Ph. © Eugene Kammerman/Gamma-Rapho. P. 166: Ph. © Association Willy Maywald/ADAGP, Paris, 2019. P. 168 g: © Collection Christian Dior Parfums, Paris. P. 168 m: © Collection Christian Dior Parfums - photographie par Antoine Kralik. P. 168 d: © Collection Christian Dior Parfums, Paris. P. 169: Ph. © François Guénet/akg-images. P. 170: Ph. © Rieger Bertrant/hemis.fr. P. 172: Ph. © Ministère de la Culture - Médiathèque de l'architecture et du patrimoine, Dist. RMN-Grand Palais/Willy Ronis. P. 173: Ph. © Anne-Christine Poujoulat/AFP. P. 174: © Musée International de la Parfumerie, Grasse-France. P. 175: © Association François Coty. P. 176: © Coll. Musée International de la Parfumerie, Grasse-France. P. 177: © Lionel Le Mehauté. Ph. © Nina Ricci/PIUG. P. 178: © Lancôme. P. 179: © Collection Christian Dior Parfums, Paris. P. 180 m g : © Cacharel Parfums. P. 180 bas d: © Davidoff Parfums/Coty. P. 181: Ph. © Daniel Jouanneau pour Issey Miyake. P. 182: Ph. © François Guénet/akg-images. P. 184: © Jean Paul Gaultier/PUIG. P. 185 ht g: Musée d'Orsay. Ph. © RMN-Grand Palais/Christian Jean. P. 185 bas d: Ph. © The J. Paul Getty Museum. P. 186: Ph. © The Walters Art Museum. P. 187 g: Ph. © François Guénet/akg-images. P. 187 m : © Coll. Musée International de la Parfumerie, Grasse-France. P. 187 d: Ph. © François Guénet/akg-images. P. 188: Ph. © Coll. Musée International de la Parfumerie, Grasse-France. © ADAGP, Paris, 2019. P. 189 : Ph. © Colin Matthieu/Hemis.fr. P. 190: © Salvador Dalí, Fundació Gala-Salvador Dalí/ADAGP, Paris, 2019. P. 191: © Cofinluxe. P. 192: Ph. © Grégoire Mähler/IFF. P. 193 g: Ph. © Grégoire Mähler/IFF. P. 193 m : Ph. © Grégoire Mähler/IFF. P. 193 d: Ph. © Grégoire Mähler/IFF. P. 194: Ph. © Grégoire Mälher/IFF. P. 195: Ph. © Collection KHARBINE-TAPABOR. P. 196 ht d: Ph. © Archives Larousse. P. 196 bas g: Ph. © Centre Pompidou. MNAM-CCI, Dist. RMN-Grand Palais/Georges Meguerditchian. P. 197: Ph. © The British Museum, Londres, Dist. RMN-Grand Palais/The Trustees of the British Museum. P. 198: Ph. © Archives Charmet/Bridgeman Images. P. 199: Château de Versailles. Ph. © RMN-Grand Palais/image RMN-GP. P. 200: Ph. H.Josse © Archives Larbor. P. 201 : Ph. © Archives Larousse. P. 202: Prod. Sofar-Film. Ph. BIFI - Coll. Archives Larbor. P. 203: Ph. © Library of Congress, Washington; pour tous les fonds: Ph. © Shutterstock.

Malgré nos recherches et nos efforts, nous n'avons pu retrouver tous les ayants droit de certaines illustrations de cet ouvrage.

Nous les invitons à nous contacter.

作者简介

[法]伊丽莎白·德·费多(Élisabeth de Feydeau)

法国香水专家，历史博士，法国ISIPCA国际香水学院教授，法国多家高端香水品牌顾问。曾策划多场香水展，出版过多部香水相关著作。

国内已出版:《香水史诗》

译者简介

吕韦熠

法国里昂高等商学院奢侈品营销与管理学硕士。

现任职于法国某奢侈品集团香水化妆品部门。

-为了每一本书的抵达-

出 品 人：赵红仕

特约监制：武 亮

产品经理：星 芳

责任编辑：徐 樟

书籍设计：广 岛